“粮改饲”高产高效模式与利用技术

翟桂玉 主编

山东科学技术出版社

主编简介

翟桂玉　农学博士，山东省畜牧兽医总站研究员，硕士研究生导师，山东省牧草产业创新团队岗位专家，山东省农业专家顾问团成员。主要从事饲草料生产利用技术的研究与推广，曾赴美国俄勒冈州立大学做高级访问学者。先后主持承担农业良种工程、农业重大应用技术创新和技术推广项目8项，获山东省科技进步二等奖1项，山东省农牧渔业丰收奖一等奖1项，中国草业科技奖二等奖1项；牵头制定畜牧与草业标准6项，合作培养硕士研究生4名。

前言
Preface

“粮改饲”是2015年以来中央一号文件连续三年安排部署的一项重要农村农业工作，目的是全面推进农业供给侧结构性改革，加快转变农业发展方式，大力培育现代饲草料产业体系。

“粮改饲”是我国农牧业发展进入新阶段、实现新突破的现实选择。当前，我国农牧业主要矛盾已由总量供给不足转变为结构性供需不平衡，部分农畜产品出现阶段性供大于求，一些市场需求旺盛的农畜产品供给不足，迫切需要以市场需求为导向，调优产品结构、调精品质结构、调高产业结构，从整体上提高农业和畜牧业供给体系的质量和效率。

“粮改饲”是对种植业结构的调整优化。从种植业和粮食供求形势看，国内三大主粮中稻谷平衡略余、小麦基本平衡，玉米阶段性供大于求；从国际粮食贸易看，我国粮食进口量在逐年增加，不仅大豆进口量屡创新高，大米、小麦和玉米进口量显著增加，而且一些代粮产品如高粱、大麦等进口量也迅速增加，形成了我国粮食进口量持续上扬的态势。进口粮食数量的增加对国内粮食生产形成压力只是一个方面，更大的压力是国外进口粮食价格明显低于国内粮食价格，这两方面的压力使得全国玉米籽粒的库存不断增高，继而反馈到玉米种植的收益上，已经出现连年下降。为全面提高种植业效益和生产效率，需要采取"稳粮—优经—扩饲"的"粮改饲"措施来调整优化种植业结构，促进农民增收。

"粮改饲"是对畜牧业生产结构的调整优化。"粮改饲"以草食动物饲草料需求为导向，扩大饲草料的种植面积，在减轻籽粒玉米收储压力的同时，为草食畜牧业发展提供有力支撑，显著提高草食畜禽在畜牧业中的比重。

"粮改饲"可全面促进农牧结合和种养双赢。"粮改饲"首先要改的是种植业与畜牧业彼此孤立的旧观念，树立农牧结合、种养结合和农牧联动的产业化经营新理念，全面统筹农业和畜牧业发展，促进其协调发展。做到"以养定种"，促进种养紧密结合，充分调动种植者的积极性，实现"粮改饲"由被动的"改"为主动的"改"，由低效的"改"为高效的"改"，通过种养结合更好地体现“粮改饲”的效益。“粮改饲”首先要在草食畜禽饲养较集中的地方开始，把饲草料生产与草食畜禽发展结合起来，同畜牧养殖结构优化结合起来。

“粮改饲”不是简单的改种和改用，而是有其内在的规律，有其科学内涵，有支撑其发展的科学技术。因此，“粮改饲”是各级农牧业部门落实农业供给侧结构性改革要求、调整优化农牧业结构的有力措施，也是促进农民增收和养殖增效的重要抓手。构建农牧紧密结合的新型种养关系，需要在广大农业工作者、畜牧工作者，特别是饲料作物种植者和养殖者中普及有关新技术，推广新模式。

目前，有关“粮改饲”模式与技术的系统论述不多，许多人对“粮改饲”的了解还是比较片面的、零碎的。本书作者通过对“粮改饲”有关理论的学习研究，结合生产实践探索，创新集成了相关新模式和新技术，以飨读者。也希望本书付梓出版，能为农业和畜牧业的发展贡献力量。

编　者

目录
Contents

第一章

“粮改饲”概述

第一节 “粮改饲”的内涵

“粮改饲”字面上简单理解就是将粮食作物生产转变为饲料作物生产，涉及两个方面的改变：粮食作物种植面积与产量的调减，饲料作物种植面积和产量的增加；将种植粮食作物，生产谷实类粮食，转变为饲料作物来利用。“粮改饲”实际上就是由以生产人的口粮为主向生产畜禽所需的饲草料转变和调整，直接关系到两个方面的“结构调整”，即种植业结构调整和畜牧业结构调整。

“粮改饲”涉及的种植业结构调整，重点是由传统的粮食作物—经济作物二元种植结构向粮食作物—经济作物—饲料作物三元种植结构转变，使粮食作物、经济作物、饲料作物三者共同组成一种新型种植模式，建立起种植业内部三种作物的高效组合并确立适宜的比例关系。

三元种植结构是农业结构调整的重中之重，受到世界上农业发达国家的重视。20世纪以来，欧美一些国家重视饲料作物发展，将其看作"绿色黄金""立国之本"，法国、英国、荷兰等欧洲国家每年青贮玉米的种植面积达330万公顷，占玉米种植总面积的80%；北美的加拿大和美国也广泛种植青贮饲料，其中美国种植青贮玉米的面积占玉米种植总面积的12%，这些国家几乎不用收获籽粒后的玉米秸秆作为青贮饲料原料。许多国家的饲料作物种植面积与耕地面积持平或超过耕地面积，饲料作物用地和人工草地占全部草地总面积的15%以上。三元种植业结构的建立和完善，需要做到因地制宜、因时制宜，符合自然条件差异和环境生态多样性的要求。通过"粮改饲"建立三元种植结构，既包括对饲料玉米等传统饲料作物生产的调整，也包括适合当地自然气候、土壤条件及种植历史的如苜蓿等优良牧草生产的调整。饲料作物玉米不仅仅以收获籽实为目的，而是以收获包括籽实在内的整个地上生物体为目的。过去玉米等籽实以及作物秸秆用作畜牧饲料，是按粮食作物方式生产的。研究证明，按饲料要求玉米在乳熟期至蜡熟期全株收获，单位面积全株总营养含量和利用率均显著高于成熟后收获的玉米籽实和秸秆营养物质的总和。从较深层面来看，"粮改饲"所形成的种植业结构调整，各种作物的比例已不仅仅是简单的数学关系，而是通过各种作物之间的耦合作用形成巨大的生产潜力。

“粮改饲”涉及的养殖业结构调整，一方面是大农业生产系统内种植、养殖及加工等各产业的比例关系的调整，这种调整随着经济、社会发展水平的提高而改变，是一种动态结构；另一方面是由种养分离向种养结合、农牧结合的方向调整，建立起种植业与养殖业协调发展的现代高效农业。世界上一些农业发达国家都非常重视农牧业有机结合，表现为畜牧业在农业生产中的比重较高，如美、法、德等国养殖业占农业总产值的比重均在50%以上，新西兰在70%以上。

第二节 “粮改饲”的作用

“粮改饲”的目标是促进粮食、经济作物、饲草料三元种植结构协调发展，这是未来农业可持续发展的方向。推进“粮改饲”，构建新型种养结构和农牧业系统，不仅能满足人们日益增长的食物需要和食物结构变化，而且能够兼顾生态、生产和生活，对生态安全、生产促进和生活提高都具有重要意义。

一、生态安全作用

“粮改饲”由粮食作物、经济作物二元种植向粮食作物、经济作物和饲料作物三元种植发展，可以发挥良好的生态作用，收到显著的生态效益。

“粮改饲”建立的饲料地和人工草地具有调节气候、

涵养水源、保持水土、防风固沙、改善生态环境、提高人居质量、促进城乡和谐发展等多种功能。研究表明，当植被覆盖度增加到50%以上时，地表风蚀、水蚀会明显降低。种植多年生饲料作物如苜蓿、黑麦草等，不仅可以获得大量优质饲草料，而且可以增加冬春季节地表覆盖，显著降低风速、减少风蚀和改善生态环境。

"粮改饲"建立的饲料地和人工草地能减轻对天然草地资源与生态的过度利用，科学保护草地生态。随着我国人口数量的增加和膳食结构的改善，人们对畜产品特别是牛羊肉的需要量持续增加，而牛羊饲养单纯依靠天然草地，难以满足消费需求。据测算，种植1亩优质高产饲料相当于10～30亩天然草地的产草量。如能利用我国条件适宜的耕地的10%建立集约化饲料基地，每年可生产优质饲草料3亿吨以上，这相当于我国18亿亩耕地生物产量的1/4，等同于新增"耕地"4.5亿亩。建设饲料地，不仅可以解决饲草料不足的问题，也将大大缓解天然草地的载畜压力。

"粮改饲"有助于解决粮食和经济作物二元种植结构中存在的化肥与农药过度使用的问题。长期的粮食作物—经济作物种植方式，导致连作减产、病虫草害加重，追求高产而过度使用化肥和农药问题突出，耕地土壤退化板结，农药、地膜残留严重。推进"粮改饲"，引草入田，将饲料作物特别是豆科饲料作物引入作物生产系统，可有效提高土壤有机质，改良土壤；通过生物固氮，提高土壤肥力，减少氮肥的使用。用饲料作物养殖畜禽，畜禽粪便还田，做到以地养地，加快耕地休养生息和土壤生态修复。种植一年、二年和三年的苜蓿地，土壤氮素净增量分别为每公顷83千克、115千克和124千克，种植五年的苜蓿地后茬作物可获得高产3～5年。

二、生产促进作用

“粮改饲”的重点是发展饲料作物，实现“三元”种植，促进农牧结合与种养结合，具有提高农业和畜牧业生产水平的作用。

“粮改饲”是促进粮、经、饲生产结构科学配置，建立现代农作制度的重要途径之一。我国传统的农业生产以粮为纲，粮食作物、经济作物占用耕地天经地义，而用耕地栽培饲料作物却常常受到质疑，其实高产牧草或饲料作物通过畜禽生产转化成的肉奶蛋畜产品本身就是大粮食、大食物的重要组成部分。在生产实践中，目前粮食播种面积中约有40%被用作畜禽饲料生产，但在用作饲料的方式上，是将按照人的口粮标准生产的籽实作畜牧业精饲料，收获籽实后的秸秆作粗饲料。这种生产方式与按照畜禽营养需要来生产各类饲料作物相比，显然后者所提供的总营养物质高于前者，营养物质的转化效能也显著高于前者。以玉米为例，乳熟期收获的全株带穗玉米秸秆要比完熟期收获的玉米籽实和干秸秆提供的可利用营养高20%～50%。

"粮改饲"能有效解决困扰粮食生产的难题。对山东省粮食生产现状分析可以看出，由于现实和后备土地资源不足以及水资源缺乏，造成了在农业和粮食生产科技没有取得根本性突破之前，提高粮食单产成为粮食总产量增长的决定性因素。山东省人均耕地面积只有1.21亩，低于全国人均耕地1.38亩的水平，全省人均后备耕地资源仅0.08亩，耕地资源供求矛盾十分突出。不仅如此，山东同全国一样，耕地面积每年还在不断减少，不断缩减的耕地面积成为我省粮食持续增量供给的一个重要制约因素。水资源短缺成为山东省粮食持续增量供给的另一瓶颈，据报道，全省正常年份缺水29%，干旱年份缺水率高达46%，人均占有水资源量仅334立方米，不到全国人均占有量的1/6，仅为世界人均占有量的1/25，位居全国各省（市、自治区）倒数第三位，大大低于国际上公认的年人均1 000立方米的警戒值，这直接影响粮食生产的高产和稳产。

"粮改饲"能有效降低土壤污染的风险。"粮改饲"可有效改变农业方式，有效降低生产中化肥、农药和薄膜的使用量。过量且长时间使用化肥，易导致土壤板结、有机质含量下降、酸化或碱化严重，极大地影响粮食的质量和产量；大量农药和除草剂在粮食生产中使用，会导致土壤中农药残留浓度升高，增加了粮食中农药残留的风险；地膜污染的危害也在增大，据了解，山东省农地膜覆盖面积每年在3000万亩以上，使用量1.4万吨，每亩农田残膜达

2.4千克会造成粮食减产，小麦可减产7%、玉米减产8%。

“粮改饲”能有效降低水污染的风险。“粮改饲”可促进生产方式的转变，从而减轻水体污染。按照国家标准，超五类水质的水不能用于农田灌溉，但农业用水紧张，污水灌溉农田目前已发展到1 300万亩，造成镉、铅、铜等土壤重金属蓄积量成倍增加。对全省47个县区的农田土壤重金属污染调查显示，污染物达警戒级的有34个，轻污染的有5个，安全级的只有6个。利用被污染的水灌溉所生产的粮食的质量难以得到保障。

“粮改饲”能提升畜牧业生产水平。饲草料生产是畜牧业发展的基础，饲草料的丰裕程度直接影响畜牧业发展的规模和速度，也影响畜禽养殖的集约化程度。粮食作物生产对水、热条件要求高，单位面积所生产的营养物质不及饲料作物，且秸秆等农副产品受自身品质和加工技术的限制，难以满足畜禽养殖需要；饲料作物不仅产量高、稳定，而且营养丰富，富含畜禽所需的蛋白质、维生素等营养物质，粗纤维含量低，柔嫩多汁，适口性好，易消化。饲料作物生产能充分利用气候资源、土地资源和生物资源，生产畜牧业发展需要的饲草料。目前我国养猪业高居耗粮型家畜养殖之首，猪肉产量占肉类总产量的65%，养猪4.5亿头，为美国的5倍。我国牛羊肉与猪肉之比为21∶100，猪肉占世界的47%；美国为137∶100，猪肉占全世界的9%。我国猪肉人均量是世界人均量的2.3倍。牛奶产量相差悬殊，中国的人口是美国的4倍，但产奶量仅为美国的22%，人均消费奶量为美国的5%。要全面提升我国畜牧业的发展水平，需要不断调整和优化畜牧业生产结构，大力发展牛羊等草食动物，推动饲料作物生产—牛羊养殖—乳（肉）供应模式的完善。同时以饲料作物生产供应保障为基础，全面提高牛羊的个体生产水平。以山东奶牛生产为例，产奶牛平均单产仅为5.5吨左右，而澳大利亚和新西兰达到7.5吨，欧美等发达国家普遍达到8吨。奶牛日粮以作物秸秆为粗饲料来源，只能满足4吨单产水平奶牛的营养需要。使用青贮玉米加普通干草饲喂，奶牛单产水平可以达到6吨，要达到8吨水平必须饲喂全株青贮玉米和苜蓿等优质饲料作物。总体上看，奶牛养殖长期沿用传统的"秸秆＋青贮饲料＋精料"饲喂模式，过分依赖精料而不是优质饲料作物，导致奶牛易发生各种代谢类疾病，既影响牛奶产量的提高，也影响质量的全面提升。据专家测算，利用青贮玉米饲喂奶牛与使用粮用玉米相比，日产鲜奶量提高8%～10%，每年每头产奶牛可增产400～500千克，增收1 600元左右；奶牛日粮中用3千克苜蓿代替1千克精料，每日可增产牛奶1.5千克，牛奶质量明显提高，同时奶牛发病率降低，每头奶牛每年可减少疫病防治费约300元。

"粮改饲"能提高资源利用效率。"粮改饲"增加了农业生产中作物的种类和成分，有助于避免作物连作的种种弊端，有助于防止同类病虫恶性世代蔓延，建立间、套、立体种植模式，可提高耕地利用率和产出率，促进农业可持续发展。土壤是作物生产的基础，要提高土地利用效率，获得高产、优质和高效益，就要不断保持和培肥地力。通常粮食作物生产对土壤都是消耗性的，但饲料作物尤其是豆科饲料作物或者将豆科饲料作物与禾本科饲料作物组合引入大田，不仅可以生产出畜禽需要的优质饲草，而且可以使土壤结构和性状发生根本性变化。饲料作物收获后在土壤中留下大量含有丰富有机质、氮素和其他养分的根茬和枯枝落叶，从而可以提高耕层土壤的有效养分含量，以保证持续均衡地供应农业生产。豆科饲料作物其固有的生理生态特性和丰富的根量对遏制农田病虫害发生和增加土壤有机质有着巨大的作用；豆科饲料作物与禾本科饲料作物组合种植，可促进豆科与禾本科饲料作物根系交替生长，显著改善土壤理化性能和根际微生物群落，从而显著提高耕地质量；饲料作物生产与畜禽养殖结合，通过畜禽粪便还田，可增加土壤中的有机质，这种维持和发展地力的作用是化肥和农药不可代替的。

三、生活提高作用

“粮改饲”是实现谷物口粮向“动物产品口粮”转变的变革，是按照食物的可替代性和互补性原则，在关注谷物口粮供给安全的前提下，重视畜产品生产和供给，实现谷物口粮与畜产品口粮相向发展，将“以粮换畜产品”转变为“以饲料作物换畜产品”，建立“以畜产品代粮”和“以畜产品换粮”的大粮食安全观。

“粮改饲”能解决人畜争粮的矛盾。长期以来，特别是在粮食短缺的时期，始终把畜牧业发展与人的口粮供应看作此消彼长的关系，也就是“人畜争粮”。的确，畜禽养殖业发展，特别是食粮畜禽的发展，需要粮食支撑，存在人畜争粮的问题，且在粮食短缺的时期，这种“人畜争粮”的矛盾还比较突出。但是当人均占有粮食达到一定水平后，畜牧业发展所利用的粮食是人口粮以外的粮食，而其所提供的肉蛋奶不仅能够为人提供更高营养水平的食物，还可以使人对谷物类粮食的消费需要量下降。自1985年到2012年，山东省人均粮食占有量一直徘徊在400千克左右，但同期畜牧业却有了较大发展。1985年，全省人口7 711万人，同期肉、蛋、奶产量分别为128万吨、72.5万吨和13.26万吨；2012年，全省人口达到9 685万人，全省肉、蛋、奶产量分别为764万吨，402.4万吨和294.09万吨，分别提高了5.97倍、5.55倍和22.18倍。1985年全省人均肉、蛋奶的量分别只有16.6千克、9.4千克和1.7千克，2012年分别达到78.9千克、41.5千克和30.4千克。人均肉、蛋、奶的占有量和消费量大幅度增加，使得人均口粮从1986年的207.1千克降至2010年的148千克。

“粮改饲”能增加安全食物的供给量。小麦、玉米、水稻等是粮食，肉、蛋、奶同样是粮食，而且是更高层次上的粮食。生产肉、蛋、奶的过程中畜禽养殖与种植业结合，通过农牧结合，可以将畜禽粪便还田、秸秆过腹还田等，显著提高土壤有机质含量和肥力，从而减少化肥的使用，提高粮食生产能力，同时有效解决粮食生产中存在的高化肥农药、高投入、高污染和低效率的“三高一低”问题。

第三节 “粮改饲”的历程

“粮改饲”的过程实际上是我国种植业结构调整的过程。改革开放以来，我国主要开展了规模较大的四次种植业结构调整，每次调整都有其特定背景、特色内容和鲜明特点。

一、四次种植业结构调整

第一次调整，重点是“压粮扩经”。20世纪80年代中期实行家庭联产承包责任制后，粮食连续多年丰收，出现了相对过剩，但棉油糖、果菜茶等非粮食产品较为短缺，结构调整的重点是“压粮扩经”，以蔬菜种植为代表的经济作物种植迅速扩大，丰富了菜篮子。这次调整从山东省寿光市种植的5万亩左右大田菜和少量大棚蔬菜开始，1984年建立了寿光蔬菜批发市场，促进了满足消费需求的经济作物生产快速发展，粮食作物与经济作物的比例得到优化和调整。同期，全国种草也出现热潮，国家推进西部大开发，发出了种草种树、发展畜牧、改造山河、治穷致富的号召，促进了饲草产业发展。山东从1984年开始，在无棣县大力发展苜蓿种植，该县成立了专门的苜蓿加工机构，同时成立了多家加工企业开展苜蓿贸易。1986～1987年，全县苜蓿种植面积规模最大时达到18万亩，经营苜蓿的企业数家。

第二次调整，重点是"两高一优"。20世纪90年代初期，农产品综合生产能力普遍提高，1991年出现了以南方早籼稻为主的"卖粮难"现象，但优质农产品价格较高、销路较好，这轮结构调整的重点是发展高产、优质、高效的"三高"农业。无棣县素有种植紫花苜蓿的传统，早在1991年该县就把8月4日定为"种草节"，将紫花苜蓿定为"县草"，1993年优良的地方紫花苜蓿品种"无棣苜蓿"通过了国家牧草品种审定委员会审定，并被国家有关部门评定为"优良地方牧草品种"，1992年"无棣紫花牌"苜蓿系列产品唯一获首届中国农业博览会银牌。

第三次调整，重点是"铺路WTO"。20世纪90年代末，粮食产量创历史新高（1998年达到5.123亿吨），有三年产量超过5亿吨，"卖粮难"再次出现，国家实施战略性结构调整，水稻、小麦、玉米三大主粮面积大幅调减。1998～2003年，五年间粮食面积从17.1亿亩降至14.9亿亩，减少2.2亿亩，这是新中国成立以来，粮食面积减幅最大的一次，也是影响最深的一次。山东省滨州市开始实施百万亩草地工程，东营开始种草，提出了"草—畜—乳一体化"的发展理念。

第四次调整，重点是“改粮增饲”。从2005年开始，农业“十二连增”，出现了总产、库存和进口量齐增的局面，粮食价格下滑，与进口价格相比价格偏高的问题突出。而饲草需求加大，进口量猛增，牛奶供应也与需求存在很大差距。

二、“粮改饲”调整的特点

2015年开始的“粮改饲”结构调整，与前三轮结构调整的步伐、节奏和重点有所不同。

形势不同：这次调整基于三大主粮稻谷平衡略余、小麦基本平衡、玉米阶段性供大于求，粮食年产达到6.2亿吨，进口粮食达到1.2亿吨。

重点不同：这次调整对“玉米做减法”，玉米增产超过了需求增长，对玉米调减种植面积，调减玉米库存；对“牛奶和饲草做加法”，增加难以满足消费者对质量、信誉要求的牛奶生产，增加市场需求的大豆、杂粮杂豆、马铃薯、优质饲草等产品生产。不仅是在农产品数量上作努力，更是在改善结构、提高质量效益上下功夫。

方向不同：这次调整的理念先进，一个是绿色发展理念的引领，坚持生态保护优先，着力构建生产、生活、生态“三生共赢”的种植业发展格局；另一个是技术路径的引领，明确饲草种植与利用的方向、结构调整的方向和重点。

目标不同：这次调整立足国情、农情和粮情，在作物结构上，构建粮、经、饲三元结构，首次把饲草纳入种植业结构调整统筹考虑。在品种结构上，提出发展优质农产品、专用农产品和特色农产品，满足市场多元化需求。在区域布局上，确定不同区域的发展方向和重点，分类施策、分区推进，提升主产区，建立功能区和保护区。在产业融合上，推进农牧结合，发展农产品加工业，拓展农业功能，促进一、二、三产业融合发展。

模式不同：这次调整开展耕地轮作试点，推广粮豆轮作、粮经轮作、粮饲轮作等种植模式，促进农业可持续发展。扩大粮改饲试点规模，以养带种，农牧结合，促进饲草生产与畜牧养殖协调发展。

布局不同：饲草作物要以养带种、多元发展，根据养殖生产的布局和规模，重点发展青贮玉米，因地制宜发展优质苜蓿、饲用燕麦、黑麦草、饲用油菜等优质饲草饲料，逐步建立粮、经、饲三元结构。

第四节 "粮改饲"的背景

"粮改饲"是基于我国科学地解决了将近14亿人的吃饭问题，连续多年粮食生产总量、库存量和进口量"三量齐增"，农业生产结构和农产品消费结构发生了重大而深刻的变化，资源环境与人口压力不断增大，对种植业发展提出了新要求，经济全球化和国际农畜产品自由贸易对我国农牧业的国际竞争力提出了新的挑战等，是促进农业和畜牧业转型而提出来的重要措施。

一、种植业转型升级的需要

种植业是农业的重要组成部分，是整个农业和农村经济的基础。改革开放以来，我国种植业发展取得了举世瞩目的成就，数量、品种、质量均发生了翻天覆地的变化，充分满足了居民不断提高的消费需求，有力地推动了畜牧业、农产品加工业发展，夯实了现代农业发展的根基，为国民经济和社会健康持续发展提供了有力保障。但制约种植业提升发展的现实和潜在问题不容忽视，需要通过“粮改饲”来有效化解。

“粮改饲”能补齐饲料作物短板。目前，我国种植业中“粮、经、饲”大宗作物之间生产与供应结构不平衡，以主粮为主的粮食作物供求基本平衡，特别是玉米存在暂时性相对过剩；油料作物生产不足，特别是大豆缺口越来越大，对进口产品依赖度不断增加；饲料作物特别是苜蓿等优质高蛋白饲草生产供给不足，进口数量连年增加。“粮改饲”可以扩大饲料作物的种植面积，增加优质饲草的供给，满足畜牧业发展的需要。

“粮改饲”能提高种植业效益。由于土地成本、劳动力成本等生产要素成本的上涨，国产小麦、玉米的价格均比进口粮食贵30%～40%，还出现了“草比粮贵”的问题。2015年，全国进口小麦和玉米的价格分别为299美元/吨和243美元/吨，同期进口苜蓿的价格为336美元/吨。

"粮改饲"可提高种植业生产水平。当前我国种植结构与农业发展方式转变的要求存在较大差距，常规作物生产，大路货产品供应数量多，而特色、优质和市场需求的产品则较少，供应不足；传统种植业模式和技术占有相当大的比重，以物质性投入为主的增产方式没有显著改变，对新技术、新方法的应用不足，种植业整体生产水平有待提高。

"粮改饲"可提高市场竞争力。我国粮食作物、经济作物和饲料作物在国际市场竞争中处于劣势，大宗农产品面临国外进口冲击的强度不断增大。优势品种和特色产品生产尚未跟上，优势未能得到发挥，特别是饲料作物中的苜蓿、燕麦等饲草进口数量不断增加。

二、畜牧业转型升级发展的需要

目前我国饲草饲料原料的对外依存度不断提高，集中表现在以大豆和豆粕为代表的蛋白饲料原料进口量不断增长，以苜蓿为代表的饲草产品进口量不断增加，饲草贸易产品主要是干草、草粉及颗粒，其中80%以上进口的是苜蓿干草。山东省是畜牧大省和农产品加工大省，每年畜牧养殖需要大量饲料粮，全省年需要用粮的精饲料5 088万吨，现有可用粮食难以满足畜牧生产的饲料用粮需求，每年需从外调入玉米1 500万吨，以缓解本地饲料用粮不足。要解决饲料粮需求与供应间的巨大缺口，除扩大粮食生产外，需要调整畜牧业结构，扩大草食畜禽的养殖数量和规模，草食畜禽的发展需要饲料作物生产的支撑。全省蛋白饲料严重短缺，每年缺口在600万吨左右，需要进口或外调豆粕600万吨来弥补缺口。苜蓿作为优质的植物蛋白源，被认为是牛羊生产特别是奶业发展的基础支撑。奶业发达国家的经验表明，将苜蓿等优质植物蛋白饲料转化成牛奶蛋白，不仅原料奶质量高，而且节本增效，是转变奶业生产方式的重要途径。山东省奶牛存栏量达142万头，产奶量487万吨，按产奶牛占牛群数量的60%、每头产奶牛每年饲喂1吨苜蓿干草计算，全省仅奶牛养殖就需要84万吨苜蓿干草，而全省苜蓿种植面积不到40万亩，生产的苜蓿干草数量只有32万吨，远远不能满足奶业发展的需要。

通过“粮改饲”可以显著增加蛋白质饲料的供给，种植苜蓿生产干草，可以直接饲喂牛羊，除提高奶牛产奶量等生产性能外，在食粮型畜禽饲料中使用，优质苜蓿草粉可替代畜禽全价饲料中3%~10%的豆粕，使每吨全价饲料成本平均下降100元。按目前山东省全年生产全价饲料2 000万吨水平计算，使用苜蓿草粉代替豆粕，每年可节省饲料成本20亿元，效益可观。

第二章

饲料作物的种类与生产

“粮改饲”实际上就是种植业由以生产人的口粮为主向生产畜禽所需的饲草料的转变和调整。而生产饲草料就需要有饲料作物，饲料作物是以获得饲草料为主要栽培目的，整个植株或茎、叶、籽实可作畜禽饲料的作物。

第一节　饲料作物的定义

广义的饲料作物是指人们有意识栽培，作为畜禽饲用的各种作物和牧草，包括玉米、高粱、黑麦、大麦、燕麦、饲用甜菜、胡萝卜等饲料作物和以苜蓿、三叶草、黑麦草、羊茅等为主的优质牧草。

饲料作物生产，一方面可以增加优质饲草料的供给，提高其在畜禽日粮中的比例，弥补饲料粮缺口或替代部分饲料粮，减轻畜牧业对粮食安全的压力；另一方面可以有效推动节粮型草食畜牧业的发展，优化畜牧业生产结构。

饲料作物生产是指利用人工选育出的饲料作物品种开展饲草料生产的过程，栽培品种具有一定的生长发育条件，所生产的饲草料营养价值高、产量高。与自然状态下天然生长的饲草相比，具有产量和质量优势。

饲料作物要保质保量地进行生产，需要对不同作物品种的生产条件和生长环境有所了解和把握，因地制宜地开展饲料作物生产，盐碱地适合种植耐盐碱的饲料作物，树下种植应选择耐阴的饲料作物。低山丘陵地区土质差，较干旱的地方应种植耐瘠薄、耐干旱、覆盖性好的饲料作物。

饲料作物生产要实现高产高效，需要技术支撑。饲料作物播种、田间管理和肥料运筹等都与粮食作物一样，需要精耕细作、科学施肥和病虫草害防控。饲料作物生产的直接效益体现的不是很显著，但是与养殖结合起来，潜在的效益就能实现转化和增值。

第二节　饲料作物的分类

饲料作物的生长时间、时期和年限有所不同，根据生长期限的差异，可以将饲料作物分为一年生、多年生和越年生三大类。

一年生饲料作物：这类饲料作物在一个年度内完成一个生长季的生命周期，国内较为常见的种类有饲用玉米、饲用高粱、苦荬菜、籽粒苋、苏丹草等。一年生饲料作物具有生长速度快，产量高，占用农田时间短，能充分、快速地利用当地的水分、热量、光照等优点。

越年生或二年生饲料作物：这类饲料作物是在两个年度内完成其生命周期，一般第一年只进行营养生长，很少开花结实或不结实，常见的品种有紫云英、牛皮菜、冬牧70黑麦等。这类饲料作物具有利用冬闲田、占地时间短、生长迅速和产量高等特点。

多年生饲料作物：这类饲料作物一年种植可以利用收获多年，生长周期较长。这类饲料作物主要以优质牧草为主，禾本科有多年生黑麦草、披碱草、高羊茅、鸭茅等，豆科有紫花苜蓿、红豆草、沙打旺等，菊科有串叶松香草、菊苣和聚合草等，蓼科有杂交酸模等。

第三节 饲料作物的种类

饲料作物根据其所生产出的产品特性、利用部位及可利用部分水分含量的高低等特点，可以划分为谷物籽实类、豆科籽实类、豆科饲草类、禾本科饲草类、叶菜类、块根与块茎类六大类主要饲料作物。

一、谷物籽实类饲料作物

谷物籽实类饲料作物主要是粮食作物中的玉米、高粱、小麦、大麦和燕麦等，有些既是人的粮食，也是高质量饲料；可以收获籽实为畜禽提供饲料粮，也可以同时收获籽实、茎、叶用作饲草料。

玉米，饲料之王，在谷物类饲料中可利用能量最高，代谢能13.56兆焦/千克（3.24兆卡/千克），粗蛋白质含量7%~9%，粗纤维含量1.5%~2.5%，粗灰分含量2.3%~3.0%。

高粱，代谢能约12.3兆焦/千克（2.94兆卡/千克），粗蛋白质含量6%~9%，粗纤维含量2%~3%，粗灰分含量2%~3.0%。

小麦，代谢能约12.72兆焦/千克（3.04兆卡/千克），粗蛋白质含量约15.9%，脂肪含量约1.7%。

大麦，分有皮大麦与裸大麦，用作饲料的为有皮大麦。有皮大麦外包颖壳，粗纤维含量3%~5%，代谢能约11.3兆焦/千克（2.7兆卡/千克），粗蛋白质含量11%左右。有皮大麦表面尖硬，适口性较差，能脱壳喂最好。在大麦比小麦便宜的地方，可以部分或全部替代小麦。

稻谷，粗纤维含量高，表面粗糙，适口性差，消化率低，如用作饲料，不要超过日粮的10%。稻谷脱壳后的糙米及制米筛分出来的碎米是好饲料，糙米中含代谢能13.5兆焦/千克（3.2兆卡/千克），粗蛋白质7%~9%。

二、豆科籽实类饲料作物

大豆和豌豆等豆类作物所生产的籽实既是人的主要副食，又是高蛋白质饲料。

大豆，籽实粗蛋白质含量35%~40%；脂肪含量15%~20%，其中不饱和脂肪酸85%，亚油酸50%；碳水化合物含量25%~30%；每100克含磷571毫克、铁11毫克和钙367毫克。大豆豆秸含消化能10.71兆焦/千克，粗蛋白质含量8.9%，钙含量0.87%，磷含量0.05%，粗纤维含量39.8%。

豌豆，籽粒粗蛋白质含量20%~24%，碳水化合物50%，每100克含有胡萝卜素0.04毫克。豌豆秸含消化能9.97兆焦/千克，粗蛋白质含量9.1%，粗纤维含量38.1%。

三、豆科饲草类饲料作物

豆科饲草类饲料作物是由豆科饲用植物组成的类群。该类饲料作物蛋白质含量高，适口性好；与根瘤菌共生，能固定大气中的氮为自身提供氮素营养，提高土壤肥力。主要有苜蓿、三叶草、草木樨、红豆草、紫云英等，其中紫花苜蓿和白三叶草种植较多。豆科饲草类饲料作物干物质粗蛋白质含量18%~22%，脂肪含量2.1%~2.5%，粗纤维含量23%~35%，无氮浸出物35%~50%。

四、禾本科饲草类饲料作物

禾本科饲草类饲料作物是一个主要类群，是重要的碳水化合物即能量饲料，包括禾本科植物的60个属，200多种，分布最广与饲用意义较大的除谷物籽实类作物外，还有青贮玉米、墨西哥玉米、燕麦草、苏丹草、黑麦草、羊茅草等。这类饲料作物包括野生和栽培两类，涵盖一年生、二年生和多年生饲料作物。禾本科饲草类饲料作物干物质粗蛋白质含量9.0%～12.4%，粗脂肪2.1%～3.9%，无氮浸出物42%～49%，粗纤维31.2%～41.8%，粗灰分5.5%～8.9%。

五、叶菜类饲料作物

叶菜类饲料作物种类繁多，除了作为饲料栽培的苦荬菜、聚合草、菊苣、串叶松香草、籽粒苋和牛皮菜等之外，人类食用蔬菜的边角废料及野菜等都是良好的青饲料来源。其共同特点是叶大、易相互遮蔽，需人工调控茎叶数量和排列方式，控制徒长叶数量和排列方式；以碳水化合物大量积累的器官为收获物，需充足的钾肥，以利于糖类运输。干物质中粗蛋白质含量17.3%～25.7%，粗纤维含量低，维生素和矿物质较丰富，钙含量多，钙、磷比例较合理，但鲜饲料中含消化能低，仅为0.1～0.3兆焦/千克。叶菜类饲料柔嫩多汁，适口性好，最好打浆或切断生喂。

六、块根与块茎类饲料作物

块根与块茎类饲料作物包括甘薯、马铃薯、胡萝卜、饲用甜菜等，其共同特点是水分含量高、鲜饲料所含营养成分少、每千克鲜重消化能为1.51～6.32兆焦。按干物质计，此类饲料粗纤维含量较低，无氮浸出物含量高达68%~92%，其中大多是易消化的糖和淀粉；消化能13.51~16.95兆焦/千克，相当于高能量的谷物类饲料，可代替猪饲料中的部分谷实类能量饲料。此类饲料生喂适口性好，具有通便和调养作用，容易消化，可提高肥育猪的增重效果；对哺乳母猪有催乳作用，一般熟喂比生喂好。

1. 甘薯

有甜味，适口性好。用来喂猪，可取代玉米用量的1/4或占日粮的15%以下。如用经热喷处理的薯片饲喂生长肥育猪，可取代50%以上的玉米，制成颗粒饲料，饲养效果良好。熟甘薯喂猪利用率高，仔猪对甘薯的利用率较差，故少用为宜。患有黑斑病的甘薯不宜作为猪的饲料。

2. 马铃薯

在平衡良好的猪饲粮中，3.5~4.5千克马铃薯相当于1千克玉米，熟喂较生喂效果好。喂前要剔除发芽的个体，以防龙葵碱中毒。

3. 胡萝卜

有甜味，适口性好，含有大量钾盐、磷盐和铁盐等，胡萝卜素尤其丰富，为一般饲料作物所不及。胡萝卜应生喂，一般成年猪日喂5.0~7.5千克，有软腐病的胡萝卜不能饲喂。

4. 饲用甜菜

有甜味，猪喜食，在饲粮中可占20%。适宜喂成年母猪和肥育猪，每日每头用量，成年母猪5.0～7.5千克，生长猪4千克，仔猪0.7～2.5千克。饲用甜菜经过贮存后喂猪，可以避免直接饲喂引起的腹泻。

第四节　主要饲料作物生产

饲料作物中有许多是粮饲兼用、经饲兼用或草饲兼用，在不同生产领域都有专门化的高产高效生产技术。这里重点介绍八大重点饲料作物的生产技术。

一、青贮玉米

玉米是我国三大作物之一，播种面积仅次于水稻、小麦而居第三位，总产量超过小麦居第二位。玉米适应性强，在我国广泛种植，东起台湾和沿海各省，西至新疆和青藏高原，南自海南省南端以及云南西双版纳，北达黑龙江黑河附近。主要产区集中在从东北斜向西南狭长分布的玉米带，玉米种植面积较大的省份依次为河北、山东、河南、吉林、黑龙江、辽宁、四川、云南。中国是世界上第二大玉米生产国，年人均占有玉米90千克，其中约70%用作动物饲料原料，在畜禽配合饲料中玉米的比例占到60%，是配合饲料的主要能量饲料。发展玉米生产，对于增加饲料产量、推动畜牧业持续发展以及增加工业原料都有着极为重要的作用。对畜牧业发展而言，有了玉米才能确保精饲料和粗饲料的供应，如果没有足够的饲料来源，则无法确保畜牧业快速、健康发展和与现代农牧业良好结合。玉米不仅籽粒是优质的精饲料，而且茎叶也可作粗饲料。玉米新鲜茎叶富含维生素，是多汁的青饲料，特别是抽穗至乳熟期收获的新鲜茎叶营养价值最高。在玉米乳熟末期，将新鲜茎叶和果穗一起收获，并切碎、贮藏于青贮窖或青贮塔中，制作成青贮饲料，可以长期保持青绿饲料的优良品质，提高其营养价值，增加适口性，节省精饲料以及减少浪费，可以显著降低饲养奶牛、肉牛和肉羊等草食家畜的成本，并可调节青绿饲料的余缺，做到周年均衡供应。青贮玉米生产青贮饲料具有以下四方面的特点：一是适口性好，所含营养物质易消化吸收。青贮玉米绝大部分都是全株青贮，茎秆经贮藏发酵后，粗老的茎秆软化。经微生物发酵作用，产生一定量的芳香族化合物，具有酒香味，柔软多汁，可使奶牛、肉牛和肉羊食欲旺盛，稳定牛、羊生产性能，显著提高奶牛的牛奶产量。二是玉米青贮作为牛、羊全年常备饲料，四季均可供应。三是调制青贮玉米的方法和设备简单，贮藏青贮饲料占用的空间比干草小。四是青贮玉米种植管理方便，茬口轮作容易安排。青贮玉米生育期一般在100天左右，比其他作物生育期短，便于种植粮食作物或为其他蔬菜安排茬口，以提高土地利用率。

1. 概念与分类

青贮玉米也叫青饲玉米，是指收获玉米鲜嫩植株，或收获乳熟初期至蜡熟期的整株玉米；或蜡熟期先采摘果穗，然后再把含青绿茎叶的植株收获，经切碎加工后直接作畜禽饲料，或贮藏发酵后用作畜禽饲料。国内青贮玉米的品种类型主要分为三类。一类为普通青贮玉米，主要选用植株高大、生物产量高或多分枝耐刈割的杂交种或类玉米品种(中北410、科多4、科青8、墨西哥玉米等)。第二类为粮饲兼用型玉米杂交种(农大108、中原单32、英红等)，这种玉米不仅具有籽粒产量高、生物产量高和植株饲用品质好等优点，而且在生产上弹性大、风险小，当畜牧业对青贮玉米需求量大时，收获青贮玉米的比重可加大；反之，当畜牧业对青贮玉米需求量小时，收获青贮玉米的比重可适当减少，这样牧场与农户可根据当时的市场需求情况进行调整。第三类为特种玉米，目前主要以高油玉米为主，如高油115等，这类玉米是一种新型的优质青贮玉米类型，籽粒的含油量一般在7%以上，比普通玉米高1倍以上，蛋白质含量也较高，具有营养全面、能量高等特点，使用此类青贮玉米可以提高养殖效率，改善肉、奶品质。种植青贮玉米，必须因地制宜选择抗病性、抗倒伏性、保绿性好，适合本地气候条件的优良品种。

2. 栽培与管理

(1)播前准备：整地和施基肥对麦茬青贮玉米产量影

响显著。选地与整地方法与普通籽实用玉米相同，土质疏松肥沃、有机质含量丰富的地块有利于获得高产。要做到底墒充足，较好的底墒是保证青贮玉米出苗的基础，土壤墒情差的地块播前应浇水灌溉。施足底肥，增施有机肥是青贮玉米持续高产的重要措施。青贮玉米的产量随有机肥施用量的增加而上升，特别是在连茬种植的地块，增施有机肥显得更为重要，有机肥施用量越多越好。抗倒伏、抗病性差的品种可通过增施有机肥、减少化肥用量的途径，增加植株的抗逆性，达到降低成本、增加产量的目的。

(2)播种质量：抓住季节，适时播种，提高播种质量，对争取青贮玉米早苗、全苗、齐苗、壮苗具有十分重要的意义。一是选择适宜的播种期。青贮玉米适宜的播种期应根据各地的自然气候条件、栽培制度、品种特性等因素确定，既要充分利用当地有效的生长季节，又要充分发挥品种的高产特性；既要夺取青贮玉米当季丰收，又要为后茬稳产高产创造条件。播种期一般在地表5~10厘米处的地温稳定在10~12℃比较适宜。青贮玉米在适宜的播种期内应尽量早播，早播可延长青贮玉米的生育期，特别是营养生长期的生长，为玉米生长发育、植株健壮积累更多的营养物质，从而达到提高青贮玉米产量和质量的双重目的；早播玉米，由于苗期气温较低，地上部分生长缓慢，可使幼苗生长健壮，根系发达，茎干组织坚实，节间短密，增强了抗旱、抗倒伏能力；早播能减轻病虫害的发生，如早播的青贮玉米，在地老虎发生之前苗已长大，故能减轻缺苗断垄现象。各地青贮玉米的最迟播种期各有不同，但应掌握在玉米吐丝时的日平均温度不低于20℃，以确保青贮玉米高产优质。二是适宜的播种量。单秆大穗型青贮玉米品种亩播量应为3.5～4.0千克，保证每亩基本苗6 500～7 000株，比普通玉米的3 000～4 000株密度要大得多，行株距一般为45厘米×15厘米；分蘖多穗型青贮玉米品种具有分枝性，故应比单秆品种减少播种量，手播时1～2千克/亩，机播时0.75～1.00千克/亩，行株距一般为60厘米×25厘米，每亩基本苗4 000～5 000株。青贮玉米播种量最好根据当地气候、土壤条件先做密度试验，然后再大面积种植。三是播种深度适宜，播种深度适宜、覆土厚薄均匀是保证全苗、齐苗的重要措施之一，在墒情好的情况下，一般播种沟深3厘米，覆土厚2厘米左右。若品种顶土能力强，考虑到播后可能出现春旱，可适当深播一些。

(3)肥料运筹：为确保青贮玉米苗壮、早发，除施足有机肥料外，还应把握好化肥底施和N、P、K的合理施用，施肥量也要有所增加，肥料配比要平衡，以保证其营养体正常发育。一般每亩可施用45%氮磷钾复合肥25～35千克作基肥，在播种的同时一次均匀底施；在7～8片叶时追施45%的尿素10～15千克，以满足青贮玉米的生长需求。增施氮肥会使青贮玉米植株明显增高，茎秆变粗，单株总叶片数、绿叶数、叶面积系数和单株鲜重增加，从而提高单产，具体施用量应根据土壤肥力、有机肥施用量进行统筹。磷肥在玉米营养中占有重要地位，磷肥能促进幼苗根系发育，提高青贮玉米的抗旱性。钾肥能提高玉米的抗旱性、抗倒能力，缺钾时玉米生长受阻、节间缩短、植株瘦弱、容易倒伏。

(4) 苗期管理：播种后要力争青贮玉米苗“早、全、齐、匀、壮”，以保证合理密植和获得高产。发现地边、地头、机械漏播处、缺苗断垄处应及时补种或移苗补缺。

(5) 中后期田间管理：一是施好肥。青贮玉米进入拔节阶段，由于气温逐渐升高，生长速度加快，同时雄穗雌穗开始分化，进入营养生长和生殖生长阶段，所需水肥最多。玉米从出苗到拔节，对氮素的吸收量只占其总需求量的14%，而至抽穗时其吸收量占53.3%左右。为争取壮秆、大穗，必须及时重施拔节长穗肥，以达到高产目的。如墨白1号等晚熟品种，其生物学产量的形成主要靠增加株高来实现，因而施用拔节长穗肥的增产效果极为明显。二是做好灌溉。玉米虽属耐旱作物，但由于茎秆高大粗壮、叶片肥厚，生育期产生大量有机物，需要消耗大量水分。青贮玉米的产量随着灌溉次数的增加而增加，玉米出苗后第10天灌第一水的产量分别显著、极显著高于第20天、30天开始灌水的产量，说明提前灌水能增加产量。三是防止倒伏 。青贮玉米发生倒伏以后，不仅影响产量，而且对青贮玉米饲料的品质造成影响。防止青贮玉米倒伏，除选用本身抗倒伏能力强的品种外，还可以通过适当深耕促进根系发育、蹲苗、培土壅根以及合理密植、合理水肥供应和合理搭配来实现。

3. 收获与利用

（1）收获时期：青贮玉米的收获期对产量和质量影响显著，收获时间受到人力、天气、降雨量、机械设备等多种因素影响，青贮玉米用于制作青贮饲料时，要具有一定成熟度才能收获。一般在玉米生长至乳熟后期到蜡熟期之间进行收获，即籽粒乳线达到1/2～3/4时为最佳收获期，干物质含量达到35%以前结束刈割。这一时期粗蛋白和粗脂肪含量较高，营养成分保持比较好，青贮适口性好、消化率高。

（2）刈割高度：由于青贮玉米在收获时茎秆靠近根部的部分含木质素较高，留茬高度太低会影响青贮饲料的质量，一般玉米青贮刈割高度通常在15厘米以上为好。距地面45厘米的高茬刈割比距地面10厘米的低茬刈割，所收获的玉米全株中性洗涤纤维NDF含量降低8.7%，粗蛋白含量提高2%～3%，淀粉含量提高6.7%，产奶净能提高2.7%。

二、饲用高粱

高粱是畜牧业很好的饲料来源。高粱籽粒作为饲料的历史较长，在美国，所有高粱籽粒均用作饲料；在法国，有30%高粱籽粒用作饲料。近年来，我国配方饲料开始应用高粱籽粒，饲料中应用比例为5%~10%，我国高粱用途正在向饲用方向发展。

1. 概念与分类

高粱作为饲料，根据利用部位和生产目标的差异，大致分为三种类型：籽粒饲用高粱、饲草高粱和青贮甜高粱。

（1）籽粒饲用高粱：高粱籽粒是一种优良饲料，高粱籽粒作饲料的平均可消化率为蛋白质62%、脂肪85%、粗纤维36%、无氮浸出物81%，可消化养分总量为70.46%，平均总淀粉含量为69.82%。这些营养品质指标表明，高粱籽粒适合作畜禽饲料，其饲用生产效能大于燕麦和大麦，相当于玉米。猪饲料中应用高粱籽粒可提高猪的瘦肉比例。高粱籽粒中可消化蛋白质含量为5.47%，比玉米的4.53%高0.94%，而高粱籽粒粗脂肪含量比玉米低0.25%，不饱和脂肪酸也显著低于玉米。对于饲料中蛋白质水平的变化，瘦肉型猪比脂肪型猪的反应敏感，饲料中的蛋白质水平从12%提高到20%，瘦肉型猪的瘦肉率可从51%提高到58%，脂肪型猪的瘦肉率只能从45%提高到47%。由于高粱籽粒的蛋白质含量比玉米高，用高粱籽粒作饲料可以显著提高猪的瘦肉率。高粱籽粒还可用作肉鸡、蛋鸡和火鸡等的饲料，高粱在配合饲料中完全可以代替玉米。用高粱籽粒饲喂幼禽可防治肠道疾病，提高成活率。

（2）饲草高粱：饲草高粱作为一种新的饲料作物，国内外都很重视，国外育成并引进我国种植的饲草高粱品种有先锋、标兵、海牛和长青等，国内选育的品种皖草2号、晋草1号和辽草1号等均表现出杂种优势强、生物产量高和抗逆性佳的特性。与粮用高粱一样，饲草高粱具有产量高、抗旱涝、耐盐碱、耐瘠薄、耐高温、耐寒冷等优良抗性，饲草营养价值较高，粗蛋白和粗纤维含量比苏丹草分别高2.7%和0.26%，蛋白质含量比青贮玉米高2.45%。饲草高粱是利用高粱雄性不育系作母本、苏丹草作父本杂交产生的杂种一代，生产性能表现优异，生物学产量比栽培高粱和苏丹草增产5%～10%，鲜草产量为5～8吨/亩，一年可刈割3～5次，刈割后可直接饲喂畜禽，也可以青贮、制作干草；不仅可喂饲牛、羊和鹿，而且还可喂饲鹅、鱼等。

（3）青贮甜高粱：甜高粱茎秆富含糖分，被誉为“高能作物”。青贮用甜高粱同粒用高粱一样，为C4植物，光合效率高，具有多重抗逆性，抗旱、抗涝、耐盐碱和耐瘠薄，非常适合在我国水资源缺乏的干旱和半干旱地区种植。甜高粱生长速度快，除了能收获200～400千克/亩的籽粒外，还可同时获得3～4吨/亩的茎叶。甜高粱植株高大，茎秆汁液丰富，茎秆汁液含量高达60%；含糖量1.5%以上，含糖量是青贮玉米的2倍；无氮浸出物和粗灰分分别比玉米高64.2%和81.5%；粗纤维虽然比玉米多，但由于甜高粱干物质含量比玉米多41.4%，粗纤维占干物质的相对含量为30.3%，低于玉米的33.2%。甜高粱杂交种可在成熟时一次性收获进行青贮，也可分两次青刈进行青贮，第一次在乳熟期左右收割，第二次在秋后收割。甜高粱可以单贮，也可同玉米秸秆混贮，以弥补玉米秸秆水分和糖分的不足。青贮的质量比较好，营养丰富，畜禽喜食，易于消化吸收。用甜高粱青饲料喂养奶牛，每天可增加产奶量0.8～1.5千克/头，甜高粱茎叶还是养殖鹿、鸵鸟、马和鱼的良好饲料。甜高粱适合大型奶牛、肉牛和肉羊等养殖场种植。

2. 栽培与管理

（1）精细整地，施足底肥：饲用高粱在旱地、涝洼地、瘠薄地均能种植。其种子较小，顶土能力较弱，要求精耕细耙，保障出苗。随整地施足底肥，每亩条施（沟底）复合肥30千克或尿素10千克。

（2）提高播种质量，保证全苗：夏播播期越早越好，播量一般每亩0.5千克左右。最好用免耕精量播种机播种，或者与大小相似的其他品种的种子炒熟后混合均匀。播深一般3～4厘米，不宜太深。

（3）适当密植，促进高产：每亩留苗6 000～8 000株，但不应超过1万株。在3～5叶期间定苗，一次完成，株行距（15～17）厘米×（60～70）厘米。青贮饲料生产不需除蘖，粮饲兼用则需要去除分蘖。

（4）中耕培土，统筹水肥：在饲用高粱生长到6叶期时，适度中耕培土，以10厘米为好，利于防倒伏、壮苗。夏播高粱只收一茬，施氮肥不宜过多，以免贪青徒长，影响茎秆中的糖分积累。株高70厘米左右时，每亩追施30千克尿素即可。旱地可根据雨情在雨前追肥，雨后中耕，苗期需水不多。拔节以后穗开始分化，缺水影响产量，孕穗期对缺水敏感，开花期为需水高峰期。

3. 收获与利用

（1）适时刈割：饲用高粱最佳刈割期通常为乳熟末期至蜡熟初期阶段。

（2）饲用高粱制作青贮饲料：用饲用高粱制成青贮饲料，青绿叶片中所含的氰糖甙会发生降解，不会发生氢氰酸中毒。制作干草时要注意避免在雨天刈割和晾晒，否则易造成糖分流失。饲用时与其他牧草搭配喂，有利于提高营养成分的利用率。

（3）饲用高粱直接青饲：直接刈割饲喂饲用高粱时，为避免青绿叶片和生长阶段植株中的氰糖甙被水解后产生有害物质氢氰酸，青刈饲喂时尽量使植株达到一定的高度。

三、饲用黑麦

饲用黑麦由于生物产量高、营养品质好、抗逆性强、适应性广和饲料加工利用形式灵活多样，已成为推动种植业与畜牧业协调发展的新型作物。

1. 概念与分类

饲用黑麦是可以用于饲草料生产的黑麦或黑麦杂交后代，主要分为两个类型，一是用作饲草生产的黑麦品种，另一个是用作饲草生产的黑麦与小麦杂交的饲用小黑麦品种。

（1）饲用黑麦：饲用黑麦品种生产中推广应用较多的是"冬牧70"，是禾本科黑麦属冬黑麦一个亚种，是一年生或越年生草本植物。"冬牧70"由美国种子公司从1030黑麦中选育而成，在我国东经107°以东、北纬25°~27°均可种植。2001年从美国引进，经过几年多次试验示范种植已成功，具有抗寒、抗病、品质好、适应性好等特点，其耐盐性强，在0.87%以下的混合盐溶液内萌发正常，极限值为3.88%，在滨海地区含盐量4%的盐渍土壤上种植可以生长。幼苗期匍匐生长，春季起身后茎秆坚韧、不易倒伏；高150~180厘米；成熟后穗头稍垂，中上部茎叶青绿，可作饲草。"冬牧70"营养价值较高，拔节期青草粗蛋白含量28.32%，脂肪6.83%。"冬牧70"分蘖多，生长快，抗寒性强，鲜草产量高，品质好，适口性好，植株高大，产草量高，是牛、羊、兔、草鱼等草食性动物冬、春理想的青饲和青贮饲料。

（2）饲用小黑麦：饲用小黑麦是通过普通小麦和黑麦杂交及杂种染色体加倍培育的新物种。小黑麦不但保持了小麦的丰产性和优良品质，还具有黑麦的抗病性强、抗逆性好和繁茂性强的优点，并有籽粒蛋白质和赖氨酸含量高于双亲的特点，而且适应性广，为我国畜牧业的发展提供了高产优质的新饲料作物。小黑麦营养品质好，饲喂转化率高，可提高牛、羊日增重和牛奶产量、质量。目前适宜种植的粮饲兼用型和以饲用为主的小黑麦新品种有中饲1890、中新830、中饲237、中新1881等。中饲1890为冬性晚熟品种，生育期270天，抗寒性强，分蘖多，秸秆粗壮，株高150～160厘米，鲜草产量高，亩产可达3 600千克；中新830为冬性早熟品种，株高140～150厘米，抗倒伏性强。中饲237为冬性中熟品种，茎秆粗壮，株高150～170厘米；中新 1881为春性品种，生育期100～130天，生长繁茂，株高130～150厘米。

2. 栽培与管理

（1）平衡施肥：饲用黑麦适应性广，对土壤要求不严，各种不同的土壤都能生长。但要获得高产，最适宜栽培小黑麦的是土层深厚、有机质丰富、土壤结构良好、养分充足、保水力强、透水性好的土壤。一般土壤推荐施肥量为：有机肥每亩 2 000千克左右，磷酸二铵20～25千克，尿素10千克左右，硫酸钾10千克左右。

（2）适期播种：播种前应做好种子发芽试验，最好用发芽率高于85%的种子播种。播前还应进行药剂拌种，防治地下害虫。冬性品种在“秋分”播种为宜，青贮和青饲时播种量每亩15千克，收获种子的每亩播8～10千克，进入“寒露”以后，每晚一天可增加0.5千克播种量。春性品种在3月上旬播种，每亩播种量15千克，播深3～5厘米，出苗后注意查苗补苗。

(3)田间管理：重点抓好越冬、拔节、孕穗期的肥水管理，若在分蘖到孕穗时多次收割鲜草，应在每次收割后浇水施肥，以促进茎叶生长。若以收获籽粒为目的，应注意拔节后期的肥水管理。

3. 收获与利用

(1)收获期：根据需要确定收获期，作鲜草利用时，可在冬前分蘖盛期、翌年春天3月底至4月底孕穗前收割2~3次，在下茬播种前全部割完。用作青贮时，可在5月中旬开花后收割；用作留种时，则待成熟时收获。

(2)利用：饲用黑麦收获鲜草可作牛、羊、兔、鹿等饲养动物的青饲料，也可打浆喂猪。也可以收获后制作青贮饲料，鲜草利用不完时可晒成干草或粉碎做配合饲料。用作留种时，则待成熟时收获，脱粒后的秸秆可粉碎作粗饲料喂牛羊。

四、饲用燕麦

燕麦属于禾谷类作物，也是古老而传统的农作物，2000多年前就有文字记载，主要种植于欧美、澳大利亚和中国等温带地区。在国外燕麦多为饲用，我国传统用于粮食，在19~20世纪上半叶，全世界燕麦种植面积仅次于水稻、小麦和玉米，位居第四位。随着机械取代了畜力，其种植面积逐步下降。在20世纪后期，全世界的总产量为3 500万~4 500万吨，在农作物中位居第六。由于燕麦适应性强，干草和籽实营养价值均高，适于凉爽湿润的地区生长，在高纬度或高海拔地区已成为主要的栽培饲用作物，在赛马、奶牛等饲养上有着广泛的应用。随着燕麦育种的突破，饲用燕麦在干旱地区开始大面积种植，能够获得更高产量。

1. 概念与分类

燕麦是一年生禾本科早熟禾亚科燕麦属植物，主要分为两类：一类是有壳燕麦，亦称皮燕麦，主要用于生产籽实精饲料和饲草；另一类是无壳燕麦，亦称裸燕麦，可粮、饲料和饲草兼用。根据生物学特性分，燕麦品种分为春性和冬性品种：冬性燕麦生育期长，一般在200天左右，主要在冬季种植；春性燕麦生育期一般为85～120天，株高60～160厘米，有的可达200厘米。高秆品种产量高，在同等条件下其籽粒和饲草产量分别比矮秆品种高18%和29%，高产的同时也会带来植株倒伏，影响产量和品质，而矮秆品种即使加大播种量也不易倒伏。播种时期对产量的影响较大，在生长期短的地区宜早播种，并可加大播种量，要充分利用有限的水热资源获得尽量多的生物产量，采用早熟品种可以获得较高的产量。燕麦具有一定的抗旱能力，但对水分反应敏感，尤其是在开花和灌浆期。在抽穗前后要求相对湿度为57%～68%，其蒸腾系数为580～676，仅次于水稻，而高于其他禾谷类作物。中国北方旱作农区之所以适宜种植燕麦，原因是其生长发育盛期正值当地雨季，水热条件能满足燕麦生长发育的要求。在东北地区，水热资源相对青海和一些高原地区较高，植物生长期长，而且6～8月为雨季，有效积温也高，可以通过调整播种期，使燕麦出苗、分蘖拔节期处于气温高、雨量充沛的时期，使其抽穗期正值8月底9月初，雨季已结束，保证调制出高品质的干草。

2. 栽培与管理

（1）播前种子处理：清除杂物，选出粒大饱满、整齐一致、发芽率高的种子。在通风向阳的地方晒2～3天，增强种皮的透气性，提高种子的活力和发芽率，杀死种子表面的细菌，减轻病害的发生。播种前用拌种双、多菌灵、甲基托布津拌种，用药量为种子重量的0.2%～0.3%，以防燕麦坚黑穗病。

（2）苗期田间管理：饲用燕麦苗期田间管理的中心任务是保全苗，促壮苗。一是要及早中耕除草防旱保墒。饲用燕麦苗期生长迅速，耗水量大，加之苗期所处气候、土壤干旱，杂草与燕麦争夺早期水分、养分。因此，中耕除草要掌握“除早、除小、除净”的原则，将杂草消灭在萌动初期，并保好墒情。从出苗到拔节初期视苗情进行2～3次，具体掌握干锄浅、湿锄深的原则。二是抓好肥料统筹。饲用燕麦分蘖早，分蘖力强，生长快，要视基肥和种肥的施用量情况，从4叶期开始酌情早施苗肥、分蘖肥1～2次，促进分蘖早生壮发，为提高燕麦成穗率奠定基础。苗期追肥应以氮肥为主，结合中耕除草每亩追施尿素5.0～7.5千克或追施氮磷复合肥10.0～12.5千克。

(3)拔节孕穗期田间管理：拔节孕穗期是饲用燕麦一生中生长发育变化最大的时期，对外界环境的养分、水分、温度和光照要求最为敏感。因此，田间管理的中心任务是进一步提高分蘖成穗率，促进秆壮、穗大。一是统筹施肥。秋播饲用燕麦应在燕麦茎基部第一节间定长后，每亩增施尿素5.0~7.5千克或追施氮磷复合肥10.0~12.5千克。追施拔节孕穗肥的次数视苗情而定，壮苗可在基部第二节间基本定长时追施一次，弱苗可分别在拔节期和孕穗期各追施一次。拔节孕穗期追肥要以控为主，促控结合，要在基部第一节间定长后酌量轻施，切忌过量施用氮素化肥造成后期贪青倒伏。二是中耕培土，壮秆防倒。饲用燕麦拔节后到封垄前，要根据土壤墒情进行一次深中耕，中耕深度3~6厘米，并结合中耕适当培土。有灌溉条件的地方，应深中耕结合追肥和浇水，先追肥后浇水，地面稍白时深中耕，以破除板结，减少水分蒸发。

(4)抽穗成熟期田间管理：从抽穗至成熟，是饲用燕麦开花授粉和籽粒形成时期，田间管理的主要任务是防止叶片早衰，提高结实率，保证正常成熟。一是做好抗旱防涝，防早衰和贪青晚熟。饲用燕麦抽穗开花期可视干旱出现的时期和程度浇灌1~2次抽穗扬花水，做到以水养根，以根护叶防早衰，达到促叶保粒的目的。籽粒灌浆后期，如果雨水偏多，要注意排水，做到雨停田干，预防贪青晚熟和倒伏。二是追施叶面肥。籽粒形成期，视田间长势酌情追施叶面肥。叶面追肥可用磷酸二氢钾或过磷酸钙溶液等可溶性磷肥进行喷施，同时还应视田间植株长相适当配施氮素化肥。一般喷肥以抽穗开花前后每天下午或傍晚为宜。

3. 收获与利用

(1)收获期：饲用燕麦是圆锥花序，开花顺序存在差异，致使全穗籽粒成熟过程不一致，一般从穗的上部小穗开始成熟，逐渐向下。在成熟过程中，穗部颜色颇不一致，一般当穗部已有3/4的小穗成熟、下部小穗的籽粒进入黄熟、茎叶变黄时，应及时收获，晒干入仓，以免因落铃(小穗)、落粒造成减产。作青饲料或青贮料原料的饲用燕麦，收获时期以产草量最高、质量最佳的抽穗开花期最为适宜。

(2)利用：饲用燕麦营养价值高，其籽实蛋白质含量14%~15%，最高可达19%，高于小麦和水稻。青刈燕麦茎秆柔软，叶量丰富，适口性好，各种家畜喜食，尤其是大家畜喜食，干物质消化率达75%。春播饲用燕麦，一年可刈两茬，每亩鲜草产量3.0~4.5吨，干草产量为0.75~0.875吨；生产籽实，主要用于粮食和饲料，每亩籽实产量为250~450千克。品种是影响产量和品质的重要因素，高产品种可以提高干草产量20%以上，而且茎叶比也不同，产量越高，叶量越丰富，其干草产量和品质均高。饲用燕麦，一是利用籽实。饲用燕麦籽实蛋白质含量高于小麦和玉米，并且脂肪含量也高，是各类家畜的优质精料，特别适合饲喂赛马，能量高且不易长膘。过去将燕麦籽实的能量作为衡量精饲料能量的标准单位，即燕麦单位。由于燕麦早熟，完成生育期所需的积温少，在高寒、生长期短的地区，积温不能满足玉米籽实成熟的需要，精料主要通过种植燕麦来解决。二是调制干草。燕麦干草最佳刈割期为抽穗期，在平原干旱地区，可以提早播种，一年可以刈割两茬。刈割成条带，晾晒，也可根据当地情况进行机械翻晒，3～5天后水分降至16%左右即可以打捆，运回仓库进行储藏，或在库房进行草捆二次加压，便于长途运输。燕麦干草可制成草粉、草颗粒、草块、草砖、草饼，供家畜食用。三是青贮利用。饲用燕麦可以在乳熟期至蜡熟期刈割用于青贮。制作全株青贮时，可以推迟至完熟期刈割；用拉伸缠绕膜生产裹包青贮时，宜在乳熟期刈割。

五、饲用大麦

大麦属禾本科大麦属谷类植物，分为有稃大麦和裸大麦两类：有稃大麦亦称皮大麦，其特征是稃壳和籽粒粘连；裸大麦的稃壳和籽粒分离，称为裸麦。大麦中有经济价值的普通大麦种中有两个亚种，即二棱大麦亚种和多棱大麦亚种。多棱大麦亦称为六棱大麦。二棱大麦，穗轴每节片上的三联小穗仅中间小穗结实，侧小穗发育不全或退化，不能结实。二棱大麦穗粒数少，籽粒大而均匀。六棱大麦，穗轴每节片上的三联小穗全部结实。一般中间小穗发育早于侧小穗，中间小穗的籽粒较侧小穗的籽粒稍大。由于穗轴上的三联小穗着生的密度不同，分稀（4厘米内着生7～14个）、密（4厘米内着生15～19个）、极密（4厘米内超过19个）三种类型。其中三联小穗着生稀的类型，穗的横截面有4个角，人们称之为四棱大麦，实际是稀六棱大麦。大麦按用途分，分为啤酒大麦、饲用大麦和食用大麦三种类型。根据生育期，大麦又分为冬性型和春性型，春大麦生育期为65～140天，冬大麦160～250天。大麦种子发芽的最低温度为0～3℃，最适18～25℃，一般苗期耐寒性较弱。分蘖的适宜温度为13～15℃，最低为3℃。越冬期间平均气温为5～10℃，有利于幼苗越冬和形成大穗。生长期间平均以16℃为宜，成熟期应不低于17℃，但高于25℃易引起早衰。主茎叶片数7～17片，主茎叶片与分蘖发生具有同伸关系。分蘖发生越早，叶片数越多，具独立根系，成穗率高，穗大粒多；分蘖晚的成穗率低，茎秆柔弱易倒伏，但背地性强。

1. 概念和分类

根据用作饲料的部位和方式，大麦分为籽粒饲用和全株饲用。大麦饲用主要有两种方式，一是收获籽粒作为精饲料原料，二是收获全株作为青绿饲料或青贮饲料的原料。

大麦籽粒是优质精饲料的原料，饲用价值相当于玉米。世界上大麦总产的80%～90%用作饲料，中国用作饲料的达70%。大麦干物质中总能量17.6～18.4兆焦/千克，消化能(猪)13.72～15.23兆焦/千克，代谢能(鸡)10.63～14.23兆焦/千克，可消化蛋白质(猪)78～114克/千克，赖氨酸0.12%～0.20%，蛋氨酸0.14%～0.21%，维生素和矿物质的含量也十分丰富。猪育肥后期掺喂大麦，可提高瘦肉率，以幼嫩植株作饲草或制成干草饲料，适口性好，易消化。

青饲大麦主要利用大麦中前期全株营养体，并兼顾利用籽粒，一季双收。青饲大麦主要特点：① 产草量高，草质优良，兼收籽粒。青饲大麦刈割4次，亩鲜草产量2 917千克、籽粒75千克；刈割3次，亩鲜草产量2 323千克、籽粒154.5千克；刈割2次，亩鲜草产量1 219千克、籽粒228.1千克。刈割2～3次的青饲大麦能兼顾粮草产量。② 出苗生长快，分蘖和再生力强，因而产草快，割草周期短。③ 熟期早，比小麦一般早熟5～7天。④ 青饲大麦全株营养价值和营养物质含量高，青饲大麦全株收获粗蛋白质含量23.25%，籽粒13.33%；全株收获每亩粗蛋白质产量62.97千克，而收获籽粒每亩粗蛋白质产量为34.04千克，全株收获比籽粒每亩可多收获28.93千克粗蛋白质，即相当于每亩多收获籽粒217.1千克。不同生长时期青饲大麦全株(干)的粗蛋白质和氨基酸含量差异大，苗期最高，抽穗初期次之，再次为灌浆初期，籽粒成熟期最低。

2. 栽培与管理

提高饲用大麦的产量和品质，栽培与管理是关键。

(1)选用良种，合理密植：选用粒大、壳薄、色淡、饱满均匀、适应性好的优良品种，播前对种子进行精选，暴晒1～2天，并于播种前用种子量0.3%的多菌灵可湿性粉剂和种子量0.3%的辛硫磷拌种，以防黑穗病和地下害虫。拌种时加入适量水，充分拌匀，切记焖种，不要随拌随种。饲用大麦播种季节以9月下旬至10月中旬为宜，每亩播种量10～15千克，基本苗在15万株以上。

(2)合理肥料运筹：饲用大麦以主茎成穗为主，前期生长量小，根系吸收率低，中后期出叶速度快，生长量较大。在肥料投入上适当降低前期用肥量，增加中后期用肥量。适期播种的饲用大麦每亩需投入纯氮18～19千克，纯氮与五氧化二磷、氧化钾之比为1∶0.45∶0.5，氮肥中基肥、壮蘖肥、返青拔节肥、倒二叶肥分别占53.5%、24.5%、12%、10%。晚播饲用大麦每亩需施用15千克纯氮，氮肥中基肥、壮蘖肥、返青拔节肥、倒二叶肥分别占40%、19%、16%和25%，其中磷钾肥作基肥一次性施入。根据饲用大麦的生长发育规律，每亩施土杂肥1 500～2 000千克、磷酸二铵14千克、尿素8千克、氯化钾12千克。

(3)田间管理：一是用好冬前肥水。播种时底墒充足，在达到冬前壮苗的前提下，冬前一般不要浇水。若播期比较干旱，底肥不足，冬前群体、个体达不到壮苗标准，可结合追肥浇一次越冬水，促进茎蘖数增加。二是抓好苗期和返青期除草。返青和拔节期发现饲用大麦田有猪殃等双子叶杂草时，可选用除草剂及时防除。三是病虫害防治。饲用大麦的病害主要有散黑穗病、根腐病、条纹病等，虫害主要有黏虫、蚜虫、红蜘蛛等，要及时进行防治。

3. 收获与利用

（1）饲用大麦收获籽粒时，收获前，在田间去杂去劣。当茎、叶、鞘失绿变黄，穗部淡黄呈白色，穗头半弯时，应及时收获，收后晾晒、储藏，保证大麦籽粒的质量。饲用时，按照畜禽营养需要配制使用。

（2）青饲大麦是优良的青绿多汁饲料，生长期短、分蘖力强，再生力强，一般在孕穗至开花期收获饲喂。开花期后植株会老化，全株品质下降。

六、饲用油菜

饲用油菜一般选用甘蓝型雄性不育系杂交种，具有杂种优势、高产、优质和低温生长能力强的特点。

1. 饲用油菜的特性

饲用油菜叶色浓绿，上有少量蜡粉；茎半直立，茎粗0.3～1.0厘米，种子红褐色，千粒重3.3克；耐寒性强，能在4～5℃较低的温度范围内形成生物学产量，子叶期能耐0℃左右的低温，适合周年种植。苗期生长旺盛，出苗后两个月即形成足够大的营养体，从出苗到现蕾叶片量可达总量的50%。饲用油菜一般亩产鲜草2 500～3 000千克。

2. 栽培种植

（1）整地与施肥：饲用油菜可在小麦、玉米收获后种植，前茬小麦、玉米收获后清除田中秸秆，浅耙2遍。播种时亩施尿素1千克作种肥，在生长发育至5～6叶期时追肥，亩追施尿素7.0千克。

（2）播种：播种前灌一次水，达到所需墒情，将地浅耙2遍后，将种子均匀撒入田中，耱地后覆盖种子，播种量1千克/亩。为了提高鲜草产量，可根据土壤墒情，适期适时早播，充分利用光热资源。

（3）间苗除草：饲用油菜出苗后适当间苗，亩保苗数控制在10万～12万株。

（4）灌溉：饲用油菜全生育期一般灌3次水，播前1～2天灌第一水（出苗水），出苗后15天灌第二水（保苗水），生长发育至6～7片叶、苗高20厘米左右时灌第三水（促进生长水）。

（5）病虫害防治：禁止使用对家畜有毒害作用的农药和高残留农药。苗期以防治菜青虫为主，用16%菜虫一次净2 000倍液或50%农哈哈1 000倍液喷雾防治，连喷2～3次。

（6）收获期：对饲用油菜营养成分动态含量变化研究表明，产量最高和营养最佳的收获期为抽薹现蕾期。

3. 收获与利用

（1）饲用油菜可以作青饲料：饲用油菜的青苗中纤维素含量低，消化率为75%～80%，超过豆类和谷类作物。例如，豌豆消化率为69%～80%，三叶草为65%～70%，黑麦草为75%～77%，玉米为60%～68%，可以直接作为青饲料饲喂畜禽。

（2）饲用油菜可制作青贮饲料：饲用油菜的无氮浸出物含量高，其中主要是糖分，制作青贮饲料质量好。饲用油菜制作的青贮料中有机酸含量达1.05%，其中乳酸0.78%，乙酸0.12%和油酸0.1%；干物质含量10.2%，灰分1.85%，无氮浸出物3.2%，可消化蛋白质1.4%。

（3）饲用油菜可制作干草粉：饲用油菜制作的干草粉中主要营养成分含量可以达到干物质86.2%，粗蛋白质18%，脂肪2.8%，纤维素15.3%，无氮浸出物39.9%，灰分9.2%，可消化蛋白质87克/千克。

七、饲用甜菜

甜菜是藜科甜菜属二年生植物，具有作为多汁饲料的潜力。

1. 饲用甜菜的特性

甜菜主要有糖用甜菜和饲用甜菜，饲用甜菜又分为叶用甜菜（又称牛皮菜或厚皮菜）和饲料甜菜。饲用甜菜播种当年块根和叶簇生长，第二年抽薹开花。根肥大，肉质根，形状、大小不一，叶片大，具长柄，茎生叶较小，具短柄或无。饲用甜菜为喜温耐寒的长日照作物，种子萌发适宜温度为6～8℃，幼苗早期即子叶期不耐冻，幼苗期后抗寒力增强，可耐－5～－6℃的霜冻。生长适宜温度为15～25℃，要求光照时数14小时以上，光照不足14小时不能正常抽薹开花。整个生活周期分为营养生长和生殖生长两个时期，营养生长为播种第一年，可分为子叶期、幼苗期、繁茂期和根成熟期，125～150天；生殖生长为第2年，可分为叶丛期、抽薹期、开花期和种子形成期，生殖生长期110天左右。饲用甜菜的肉质根、茎和叶粗蛋白质含量均在14%以上，饲用甜菜地上和地下生物产量高，每亩可产茎叶1000～1500千克，肉质根6000～7000千克。

2. 栽培种植

（1）选地与轮作：饲用甜菜是高产作物，且主产品为肉质根，根大叶茂，所以要选择土层深厚、富含有机质、排水良好、有灌溉条件的地块种植。饲用甜菜忌连作，重茬种植会减产，病虫害增加，一般每隔3～4年或4～5年进行轮种。

（2）整地与播种：饲用甜菜需深耕细作，整地质量要高。秋耕，深耕20～30厘米。由于甜菜种球较大，种子甚小，萌发时种球需吸收其本身重量120%～170%的水分才能萌发，故播种时土壤墒情要好。播种前对种子的处理：① 严格精选。要求种子的发芽率不低于75%，净度不低于97%；② 甜菜种球具有木质化花萼，不光滑，为便于下种，可用碾子或石滚碾压种子；③ 为防治病虫害，可进行药剂拌种。

（3）播期与播量：饲用甜菜春播，一般在4月上中旬至5月上旬播种。播种方法有条播和点播两种，行距45～60厘米，播种量1.5～2.0千克，播种深度2～4厘米，播后镇压。

（4）田间管理：饲用甜菜苗齐以后，进行第一次中耕除草，同时疏苗；2～3片真叶时进行第二次中耕除草，同时间苗，一般每隔7～8厘米留苗1株；7～8片叶时第三次中耕除草，同时定苗。饲用甜菜株距35～40厘米，每亩保苗5 000～6 000株。

（5）培土与施肥：饲用甜菜中耕之后要培土，土埋根颈。饲用甜菜喜肥喜水，除施足底肥外，在繁茂期和肉质根肥大生长期要及时追肥和灌水，每次每亩追施硫酸铵10～15千克，或施尿素7.0～8.5千克、过磷酸钙20～30千克。根旁深施，施后灌水。

3. 收获与利用

饲用甜菜的叶和肉质根都是良好的青绿多汁饲料，要集中收获饲喂。

（1）收获时期：饲用甜菜以肉质块根为主产品，根重和根中糖分达到最高水平时收获，此时饲用甜菜表现为外围变黄，生长趋于停止，株丛疏散，块根发脆。块根没有完成生物成熟时不能采叶，否则影响块根生产，产量和含糖量会降低。

(2)叶片的利用：饲用甜菜叶柔嫩多汁，香甜适口，要现收现喂或青贮，一般不提倡晒干饲喂，是猪、禽的上好饲料。

(3)块根的利用：饲用甜菜块根可鲜喂，也可青贮。鲜喂要进行鲜储，储藏的方法与胡萝卜相同，室温为5～-2℃时，可室内贮存，经常检查，以防伤热腐烂。也可以青贮，青贮前晾晒1～2天，并将土清理干净，以利于提高青贮品质。青贮料适宜喂猪、牛、羊，饲喂时可与糠麸等混拌，要适量，过量会引起腹泻。

第三章

“粮改饲”的栽培模式与效能

“粮改饲”在调整和优化粮食作物与饲料作物生产布局上，逐渐形成粮食作物与饲料作物不同种植次序、不同种类和不同组合的共生共长生产方式。

第一节　“粮改饲”轮作模式的定义与作用

一、轮作模式的定义

轮作模式是指在同一块田地上有顺序地在季节间和年度间轮换种植不同作物或复种组合的种植方式，是用地与养地相结合的一种生物学措施，有利于均衡利用土壤养分和防治病、虫、草害，能有效改善土壤的理化性状，调节土壤肥力。旱地多以禾本科作物为主或粮食作物、饲料作物与豆科牧草轮作，稻田则是水稻与旱作物轮作，

18世纪开始草田轮作。作物轮作可以均衡利用土壤营养，一年生作物与多年生混播牧草轮作的草田轮作制，可不断恢复和提高地力，增加作物和牧草产量。轮作的名字取决于轮作中的主要作物，被命名的作物群应占轮作区的1/3以上。常见的有禾本科作物轮作、禾本科作物与豆科作物轮作、粮食作物与饲料作物轮作、经济作物与饲料作物轮作、水旱轮作、草田轮作等。

粮食作物和饲料作物轮作，可以是一年生粮食作物与多年生牧草轮作的草田轮作制，可以不断恢复和提高地力，增加粮食作物和牧草产量；也可以是粮食作物与饲料作物轮换的复种轮作。轮作因采用的方式不同，分为定区轮作和非定区轮作。

定区轮作是指将地块分成若干个轮作田区，每个轮作田区按照预定的作物轮换顺序逐年轮作不同的作物。通常要求年区相等，即完成一个轮作周期所需要的年限与轮作田区数目相等。

不定区轮作是指作物组成、轮换顺序、年限等比较灵活，轮作的时限比较严格，但没有地块的轮换。

二、轮作的作用

轮作是一项技术性较强且实用的耕作技术，在生产中有多种作用。俗语“一倒茬如上粪”，“庄稼要想好，三年两头倒”，是轮作作用的生动写照。当然，不同的生产技术水平、农业发展阶段轮作目的不同，但作用相似，合理轮作有助于抑制杂草及病虫害，也有利于改善植物养分的供给，防止土壤流失，降低水资源污染。粮食作物与饲料作物轮作可以改善粮食作物、饲料作物的生长环境，提高粮食和饲料作物的产量和质量，优化栽培制度与作物布局。

1. 改善作物生长环境

粮食作物与饲料作物轮作能够实现"以田养田，生物养田"，利用豆科饲料作物如苜蓿固氮，把用地和养地结合起来；植物秸秆对土壤养分的归还率，钾最高，其次是氮和磷；作物秸秆中的氮素，在秸秆碳、氮比小于35的情况下可以为当季作物利用；秸秆中磷素的当季利用率10%以下，但是秸秆中的钾素大多为水溶性钾，高达70%，可以有效供应当季作物。在有豆科饲料作物的轮作系统中，由于生物固氮作用，秸秆还田后氮的归还率提高。

粮食作物与饲料作物轮作能均衡利用土壤养分和水分，粮食作物对氮、磷、硅吸收较多，对钙吸收较少，而豆科饲料作物对钙、磷、氮吸收较多，对硅吸收较少。

粮食作物与饲料作物轮作能改善土壤的物理化学特性和微生物状态。通过改变农田生态条件，改善土壤理化特性，增加生物多样性。研究表明，粮食作物和饲料作物轮作对土壤结构的改良、土壤肥力的提高和作物生长小环境的改善有很大的作用。实行苜蓿与玉米轮作，能显著提高土壤肥力，为粮食作物生长提供良好的环境。

2. 减少作物病虫害

粮食作物和饲料作物轮作对粮食作物和饲料作物生产过程中的很多病害和杂草都有明显的防治效果。轮作会使饲料作物成为粮食作物病原的非寄主作物，使土壤中的病原逐渐减少和消亡，防治土传病害；可以使那些寄生性强、寄主植物种类单一及迁移能力小的害虫因食物条件恶化和寄主减少而大量死亡，腐生性不强的病原由于没有寄主植物而不能继续繁殖。利用前作的根际微生物和根系分泌物抑制后作病害的发生。通过前后茬作物管理措施和田间环境条件、养分、水分、通气状况的剧烈变化而达到抑制和消灭病原的效果，促进土壤中对病原物有拮抗作用的微生物的活动而抑制病原物的滋生。如按照苜蓿→小麦—玉米→苜蓿进行多年轮作，可以减轻各种病害，特别是苜蓿的甜菜夜蛾、根腐病等病虫害；也可以减少小麦白粉病、玉米粗缩病等病害的发生，达到对病虫害的有效防治，可节省农药费15%~20%。

3. 减轻农田杂草危害

粮食作物和饲料作物轮作，通过换种非寄主作物，使寄生性杂草的种子发芽后找不到寄主而死亡；利用前作根系的分泌物抑制后作杂草的发生，如小麦根系分泌物可以抑制茅草生长。换种不同类型的作物，使生态适应性或形态与作物相似的伴生性杂草，如麦田野燕麦、毒麦，谷子地的狗尾草等，更容易结合土壤耕作等田间管理措施而得以防除。利用轮作形成的田间环境条件发生剧烈变化，达到抑制和消灭杂草的效果，且对防除多年生恶性杂草效果更好。

4. 提高作物的产量和质量

粮食作物与饲料作物轮作可以降低单一类型作物连作引起的减产以及所产生的化感作用，促进土壤肥料、养分的均衡利用。苜蓿与小麦轮作可使小麦增产21%～25%，苜蓿增产10%～12%，种植效益显著提高。

5. 调整作物布局

粮食作物与饲料作物轮作可促进作物生产布局的优化，建立适合当地特色的种植制度和作物种植结构。建立的粮食作物与饲料作物轮作体系，不但有利于增产增收，而且还有利于保持和提高土壤肥力。

6. 改善生态环境

粮食作物与饲料作物轮作，能更多地体现生物多样性，层次结构多样，生态功能完善。多种作物合理轮作，利用生物多样性来保护作物生产环境，从而提高粮食作物与饲料作物的产量和质量。

第二节 “粮改饲”间作模式的定义与作用

一、间作模式的定义

粮食作物与饲料作物间作是指作物种植一茬有两种或两种以上生育季节相近的粮食作物与饲料作物，在同一块田地上成行或成带(多行)间隔种植。有高矮秆作物间作和不同作物种类间作，如粮食作物与饲料作物、粮食作物与经济作物、饲料作物与经济作物间作等多种类型，玉米与饲草型大豆间作、青贮玉米与秣食豆间作、小麦与紫云英间作、皇竹草与草木樨间作、甜高粱与谷草间作等。

二、间作模式的作用

粮食作物与饲料作物间作可提高土地利用率，间作形成的作物复合群体可增加对阳光的截取与吸收，减少光能的浪费；同时，两种作物间作还可产生互补作用，如宽窄行间作或带状间作中的高秆作物有一定的边行优势、豆科作物与禾本科作物间作有利于补充土壤氮元素的消耗等。但间作时不同作物之间也常存在着对阳光、水分、养分等的激烈竞争。因此，对株型高矮不一、生育期长短不同的作物进行合理搭配和在田间配置宽窄不等的种植行距，均有助于提高间作效果。

第三节 “粮改饲”套作模式的定义与作用

一、套作模式的定义

套作是指在前季作物生长后期的株、行或畦间播种或栽植后季作物的种植方式。套作的两种或两种以上作物的共生期只占生育期的一小部分，是一种解决前后季作物间季节矛盾的复种方式。粮食作物与饲料作物套作的主要模式有小麦套作苏丹草、小麦套作青贮玉米、小麦套作墨西哥玉米以及玉米套作饲用甜菜等，青贮玉米套种苜蓿、黑麦与苜蓿套种等已有一定发展。

二、套作的作用

粮食作物与饲料作物套作的主要作用是争取时间，以提高光能和土地利用率、提高单位面积产量，有利于后季作物适时播种，缓和前后作物种与收存在的争劳力、争机械和争农时的矛盾，避开旱涝或低温灾害。粮食作物与饲料作物套作应选择适当的作物组合，调节好作物田间配置，掌握好套种时间，解决好不同作物在套作共生期间互相争夺日光、水分、养分等矛盾，促使后季作物幼苗生长良好。

第四节 “粮改饲”单作模式的定义与作用

单作是指在一块土地上只种一种作物的种植方式，单作便于种植和管理，便于田间作业的机械化。粮食作物如玉米、小麦和水稻都可以根据季节单独规模化种植，饲料作物如苜蓿、燕麦、青贮玉米等也可以实行单作。

第五节 “粮改饲”混种模式的定义与作用

一、混种模式的定义

粮食作物与饲料作物混种是指将豆科和禾本科作物中的一种以上，一般2～3种，按一定比例同时播种的一种种植方式。饲料作物混种，应该根据所饲喂家畜的特性及利用方式确定混种的品种。如用于青刈饲喂的，可选短期生长、直立型品种，用于放牧的则需具有根茎和植株较低的品种占较大比例。与粮食作物进行轮作的农田混种饲料作物，选用品种的利用年限以2～3年为宜，豆科和禾本科饲料作物以发育迅速的疏丛型品种为好。在饲料作物生产基地开展饲料作物混种，饲料作物生产年限一般3～4年或更长。

二、混种模式的作用

1. 保持产量的稳定性

将生长年限不同、生长盛衰期不同的作物进行混种，可充分利用时间因素，使作物生长较快，利用期延长；生长高度不同的作物混种，可运用自然植物群落层片结构和根群分布规律，充分利用空间因素，增加光能和土地的利用率；生长习性不同的作物混种，可运用自然植物群落中的种间互助斗争规律，充分利用生物因素，避免单一作物因环境因素变化、杂草病虫危害而出现重大损失。

2. 提高饲料品质

混种可使草料成分较为均匀，适口性较好，减少浪费，增加作物的利用率。单纯用豆科作物饲喂牛羊常会引起臌气病，混种作物可避免这种危险。豆科作物与禾本科作物混种，比单种禾本科作物能增加饲料作物蛋白质的含量。

3. 易于收获和调制

匍匐或缠绕性作物与直立性作物混种，可防止倒伏，便于收获，利于干草的调制和青贮。禾本科作物茎叶含水较少，水分散失较均匀，且不易脱落；豆科作物含水较多，且茎叶所含水分差异较大，干燥时间长且不均匀，在调制过程中容易散失。两者混种，晒制干草时损失较小，有利于多年生作物持久性生产，混种可使土壤有机质大量增加，有助于形成土壤团聚体，使土壤保水保肥性好，增加土壤肥力，因而能提高后作的产量和品质。

第六节　耕地休闲期饲料作物种植模式

随着经济快速发展和农业产业结构的进一步调整，耕地面积正在逐年减少，人地矛盾日益突出。与此同时，在许多作物轮作区冬闲田面积不断增加，尚未得到有效利用，浪费了土地、温光和水热资源。

一、耕地休耕与冬闲田的形成

1. 种粮、种棉比较效益低形成冬闲田

粮、棉销价涨幅较小，农资销价涨幅较大，种粮、种棉扣除物化投入无利可图，影响了农户种粮、种棉的积极性，在一些地方出现了将农田弃之不种的情况。

2. 劳动力不足形成冬闲田

随着劳动力转移力度的加大，有知识、有能力、文化水平较高的年轻人大部分不是进城谋业就是外出务工，导致种田季节劳动力不足。老弱妇幼留守在家从事农业生产，种植越冬作物的意愿减弱。

3. 耕作方式落后形成冬闲田

农村耕牛数量减少，现代农业机械耕作的方式在丘陵、山区还没有全面推广普及，种粮、种棉的劳动强度大，收益少，一些丘陵、山区地块不种粮食和经济作物。

4. 水利设施不完善形成冬闲田

一些河滩地、低洼地地下水位高，易积水、难排除，而农田灌溉渠系不配套，处于“靠天吃饭”的状况，种植越冬作物田间管理难度大。

二、“冬闲田”种植饲料作物的作用

1. 减少病虫危害，降低生产投入

在冬闲田中种植饲料作物，能够消除越冬作物病虫害的菌种、毒株、虫卵、蛹的生存环境与场所，防止杂草滋生蔓延，为减轻后季作物病虫草危害创造条件。通过翻耕，可以使杂草以及附着物的某些病菌害虫受暴晒或受冻而死，或处于缺氧条件下窒息死亡，这样就减少了翌年粮食作物种植的虫源，减少了农药的使用量，降低了农业生产资料的投入，从而达到增产增收的目标。

2. 改善土壤结构，提高作物产量

冬闲田种植饲料作物可改善土壤结构和理化性能，增强土壤通气性，有利于消除还原性毒害物质如低价铁、铝、硫化氢等，促进有机质的矿化和潜在养分的矿化释放，从而促进翌年粮食作物生长和产量的提高。

3. 提高农业资源利用效率，促进农业增效和农民增收

冬闲田种植饲料作物，可以减少土地、温、光、水资源的浪费，既能为畜禽养殖提供优质饲草料，又能保障粮食生产，还能促进农业增效和农民增收。

4. 建立新型种养模式，提高综合生产效益

冬闲田可以种植黑麦、燕麦等禾本科饲料作物，也可以种植紫云英、苕子等豆科作物。在种植饲料作物的同时，开展种草养羊业、种草养鹅业、种草养鱼业等产业，提高土地的利用率和综合生产效益。

第七节 “粮改饲”种植模式构建与效能

“粮改饲”的目标是增加优质饲草料的供给、提高种植效益，目前生产中以间作、套作和轮作集成为主导的种植模式有八种。

一、苜蓿套种玉米模式

1. 模式构建

在山东及黄淮海地区，苜蓿生产中刈割第2茬草后，一般6月中下旬在条播苜蓿田行间隔行种植1行玉米，生

长至9月下旬，玉米至乳熟期，将苜蓿和套种的玉米一同收割青贮。之后苜蓿继续生长，直至“立冬”后停止生长，正常越冬。第2年苜蓿前2茬草仍单收利用，第2茬草刈割后再套播玉米。条播苜蓿田行距一般为30厘米，隔行播种，玉米行距60厘米，苗株数4 000株。

2. 模式效能

目前在山东及黄淮海地区苜蓿生产存在两大问题，一是雨季晾晒干草困难；二是进入7～8月份高温季节，苜蓿生长缓慢，苜蓿产草量不足全年的40%，品质也大幅下降，即苜蓿“夏眠”现象，同时此期蓟马、蚜虫危害严重。但此时期该地区雨热资源丰富，年降水量的70%集中于此，苜蓿不能充分利用，造成了光热水资源的浪费。苜蓿与玉米复种可使该问题得以解决，综合效益优于苜蓿单收草田，充分利用了夏季雨季同期的自然条件优势，玉米生长优势得到了发挥。

3. 需解决的问题

这种模式需要在条播的苜蓿田内进行，以便于玉米播种，而且行距应在30厘米左右。套播玉米后，玉米生产管理是重点，兼顾苜蓿生长。

二、粮食作物冬闲田复种饲用黑麦模式

1. 模式构建

利用春玉米等粮食作物生产形成的冬闲田复种饲用

黑麦，饲用黑麦9月初至10月下旬播种，第2年4月中下旬收获。春玉米一般4月中下旬播种，7月初成熟收获。通过以上技术可有效解决饲用黑麦与棉花茬口紧张问题，在不影响棉花产量的前提下，饲用黑麦的生长发育时期得到了有效保障，产量效益最大化。饲用黑麦对土壤质地要求不严，进入霜降前，平整土地以提高播种质量，保证出苗整齐健壮，整地前亩施复合肥25千克作底肥。饲用黑麦播期10月初，播种量为6～8千克，每错后1天，应增加0.1千克播种量，播种行距20厘米，播深3～5厘米；春季3月底4月初浇一次水，每亩追施尿素15千克。饲用黑麦饲喂牛、羊须在抽穗期一次性刈割，时间较短，一般3～5天，饲喂鸡、兔、鹅可进行多次刈割。收获机械用苜蓿割草机或玉米青贮机均可。

2. 模式效能

饲用黑麦作为青绿饲草，收获期早可实现青绿饲草错季生产。4月中下旬正值畜牧业的枯草期，饲用黑麦可缓解牧草短缺对食草家畜规模化养殖产生的影响。整个生长季节无病虫害发生，无须使用农药，不但方便管理，降低成本，而且无污染。玉米、饲用黑麦一年两作可减轻连作导致的病虫害加重的弊端，稳定玉米生产并增加一季青贮玉米。

3. 需解决的问题

饲用黑麦秋播最晚为10月下旬，否则会导致第2年产量严重下降。为解决茬口搭配紧张问题，要做到选用中早熟高产玉米新品种。玉米可采取育苗移栽的方法种植，合理调节造墒用水，一水两用，提高水的利用率，缩短倒茬时间。饲用黑麦种植密度要适宜，避免过大引起倒伏。

三、饲用黑麦与高丹草复种模式

1. 模式构建

饲用黑麦和高丹草两类饲草进行上下茬搭配，形成一年两作，饲用黑麦刈割1次，高丹草刈割3次，全年刈割4次。饲草1年产出1次进行贮藏再周年供应，改变为1年产出4次，基本实现了新鲜饲草周年供应。饲用黑麦一般10月播种，第2年4月中下旬收获，之后高丹草立即播种，6月中旬刈割第1茬草，8月上旬刈割第2茬草，10月上旬刈割第3茬草。之后可再播种饲用黑麦，形成周年生产。饲用黑麦和高丹草两茬的施肥量为每亩施氮肥37千克、磷肥20千克、钾肥20千克。磷肥和钾肥在饲用黑麦播前一次性底施，氮肥饲用黑麦施用1/3，高丹草施用2/3，而且底施、追施各占一半。饲用黑麦与高丹草复种栽培可较吨粮田每亩节水40米^3，为提高水的利用率，可在饲用黑麦刈割前7～10天灌一次水，饲用黑麦利用的同时成为高丹草播种的造墒水。

2. 模式效能

实现了周年地面有绿色作物覆盖，光能和土地利用率大大提高，单位面积的生物产量最大化，亩产鲜草可达到15吨，亩产粗蛋白质是吨粮田的2.0～2.5倍。鲜草供应期较苜蓿延长2个月，1年可产出3～4次，基本实现了青绿饲料周年供应。

3. 需解决的问题

对种植区域的生产条件有一定要求，需要较好肥力的地块和一定水肥条件。这种饲草生产模式主要解决了青绿饲草的周年生产供应问题，适宜小农户种养结合进行。如规模化生产，短期饲草得不到及时利用，需要具备相应的青贮加工机械设备、青贮设施。高丹草水分含量大，若青贮利用，应由3次刈割改为2次，以保证较多的干物质积累和较低的水分。

四、串叶松香草与饲用黑麦间作模式

1. 模式构建

串叶松香草是多年生牧草，一般10月下旬开始进入休眠期，第2年4月中旬开始萌发，之后逐渐进入旺盛生长期，枝叶逐渐繁茂。饲用黑麦10月份播种，第2年4月中下旬抽穗期刈割，恰好利用了串叶松香草的休眠期，而且相互之间基本不受影响。饲用黑麦种植前要平整土地，提高播种质量，保证出苗整齐健壮。整地前每亩施复合肥25千克，播量随播期调节，每亩播量6～8千克。自10月初开始，播期每错后1天，播量增加0.1千克。播种株行距15～20厘米。3月底4月初浇一次水，每亩追施尿素15千克，结合串叶松香草春灌进行。饲喂牛、羊须在抽穗期一次性刈割，时间较短，一般3～5天。饲喂鸡、兔、鹅可进行多次刈割。

2. 模式效能

充分利用串叶松香草行间的冬闲田，提高了土地利用率。串叶松香草灌水、施肥，同时使饲用黑麦得到利用，提高了水肥利用率，减少了粮草争地的矛盾。

3. 需解决的问题

由于串叶松香草行间种植了牧草，给串叶松香草机械作业带来不便。为减少该矛盾，可隔行种植牧草，空行用于机械作业。饲用黑麦种植密度过大易倒伏，管理一定要到位，像管理农作物一样重视。

五、玉米与秣食豆间作模式

1. 模式构建

玉米和秣食豆间作，播种方式为条播，行距65厘米，密度为玉米每亩4 000株，玉米、秣食豆按2∶1混播，播种深度4～5厘米。播前结合翻耕每亩施磷酸二铵7.5千克、尿素12千克、氯化钾3.5千克。播后视天气情况定期进行浇水、除杂草、防病虫害等田间管理，玉米乳熟期至蜡熟期收获。

2. 模式效能

玉米与秣食豆混播显著增加了单位面积生物产量，而且显著增加了青贮饲料中粗蛋白质的含量，改善了青贮饲料的饲用品质。

3. 需解决的问题

播种时，选择合适的播种机，否则播种比例不容易掌握；收获期两种作物会有不同程度的相互缠绕，给收获带来一定的困难。

六、饲用扁豆与玉米混播模式

1. 模式构建

饲用扁豆和玉米条播，行距65厘米，密度为每亩4 000株。混种时玉米与扁豆按1∶1的比例，玉米的密度保持原密度不变，降低玉米密度会导致减产，玉米苗期结合中耕每亩追施尿素20千克。在条件允许的情况下，分别在苗期和拔节期进行灌水。玉米乳熟期到蜡熟期收获。

2. 模式效能

饲用扁豆与玉米混播显著增加了单位面积生物产量，显著增加了青贮饲料中粗蛋白质的含量，改善了青贮饲料的饲用品质。

3. 需解决的问题

在收获期两种作物会有不同程度的相互缠绕，给收获带来一定的困难，需选用前割台、带有铡刀和往复式刀的收获机械，克服扁豆茎的缠绕问题。播种时，选择合适的播种机，否则播种比例不容易掌握。

七、苜蓿与玉米间作模式

1. 模式构建

苜蓿与玉米条带间作种植，苜蓿带宽1.8米，种植6行；玉米条带宽2.6米，种植4行。苜蓿先播种，播种时间为4月中下旬，播种量每亩为1.0千克，施肥量$N:P_2O_5:K_2O$为3∶9∶6，或根据测土配方施肥进行调整。玉米播种时间一般为5月末6月初，采用宽窄行种植，宽行90厘米，窄行40厘米，种植密度4 000株左右，定期施肥、中耕和除草，构建苜蓿、玉米条带间作高效复合种植模式。

2. 模式效能

玉米是禾本科高秆阔叶浅根需氮肥的一年生作物，苜蓿是豆科矮秆小叶深根固氮的多年生牧草。苜蓿与玉米间作种植，边际效益突出，可以充分发挥光、热、水、气资源，提高复合群体的土地利用率和光能利用效率，有效提高单位面积的产量。苜蓿富含粗蛋白质，玉米籽粒是能量饲料，且玉米秸秆的营养价值居各主要农作物秸秆之首，苜蓿与玉米搭配，可满足不同种类家畜的营养需求。冬春季节苜蓿留茬覆盖，对种植区域生态环境的改善有着重要作用。

3. 需解决的问题

苜蓿与玉米种植较为复杂、烦琐，此外，机械化中耕、收获不如单作方便。苜蓿是多年生牧草，第1年生长缓慢，要早于玉米播种，否则受玉米遮阴影响，苜蓿生长不良，不利于其安全越冬。降水量较少时，苜蓿与玉米会产生水分竞争，需要及时灌溉，以提高产量。

八、冬闲田越年生饲料作物种植模式

1. 模式构建

选择能安全越冬的越年生饲料作物，在后作种植前已获得良好的生长和产量；不对后作的粮食作物形成杂草性危害；秋播时能萌发生长并形成越冬株体，主要备选品种有越年生的禾本科冬牧70黑麦、饲用小黑麦、一年生黑麦草等，豆科牧草主要有毛苕子、紫云英和草木樨等。饲料作物生长同其他农作物一样离不开光、热、空气、水分和养分，其中水分和养分主要是从土壤中获得。因此，在播种前要对冬闲田进行整理。冬闲田在前作作物收获后，土地经清理后进行翻耕，翻耕的深度一般在20厘米以上。为使冬闲田秋播饲料作物能在入冬前达到一定的产量，每亩地施农家肥2 000～3 000千克、复合肥

20～30千克作为底肥。播前用圆盘耙将翻耕过的土块破碎耙平。冬闲田秋播饲料作物的时间，禾本科作物一般以10月中旬为宜，播种过早会导致早期旺长，甚至拔节，易受冻害威胁。播种方式以条播为好，条播便于田间管理，如除草和施肥，可使用播种机播种。条播行距一般为15～30厘米，豆科作物行距为20～25厘米，禾本科作物为20厘米。根据饲料作物种子大小确定覆盖土层的厚度，种子小覆土薄，种子大可覆土厚些。土壤墒情好播浅一点，土壤干燥可稍深；疏松土壤可稍深一点，黏土可稍浅。冬闲田秋播饲料作物适宜的刈割时间，既要考虑饲料作物的产量和各种营养物质的含量，也要保证安全越冬和早春返青生长。冬牧70黑麦、饲用小黑麦等在入冬前可刈割一次，春季视情况刈割1～2次。冬闲田秋播毛苕子、紫云英等豆科饲料作物，一般在入冬前不刈割，来年春季刈割1～2次。禾本科饲料作物在冬前刈割，宜留高茬，6～7厘米，春季刈割留茬高度4～5厘米；春季豆科饲料作物刈割留茬高度4～5厘米为宜。

2. 模式效能

利用冬闲田种植越年生饲料作物，一方面可以提高土地的利用效率，做好土地冬春季节的覆盖；另一方面，可生产饲草供草食家畜冬春季节利用，能促进农民增收，是农区发展饲料作物生产的种植模式。

3. 需解决的问题

为提高冬闲田秋播饲料作物种植的成功率，减少种子浪费，提高单位面积的产量，在播种前，应根据不同作物品种的特性，采用提高种子发芽率的技术措施，豆科饲料作物种子要硬实破除。毛苕子、紫云英和草木樨等豆科作物种子的种皮外表有一层排列紧密的马氏细胞，播后土壤水分不易渗入而直接影响发芽，播前应用硬实破除技术提高发芽率。硬实破除可用物理破皮，用石碾碾压或用碾压机处理，或将种子与一定量的碎石、沙砾混合后放入搅拌振荡器中搅拌震荡，直到种子表面粗糙起毛，以不压坏种子为宜，提高种子播后的吸水能力和萌发能力。硬实破除还可用变温浸种，用热水将种子浸泡一昼夜后捞出，白天放太阳下暴晒，夜间转至凉爽处，并加水保持种子湿润。当大部分种子膨胀时，据墒情播种。硬实破除也可用酸处理，在种子中加入3%～5%的稀硫酸或盐酸，搅拌均匀，待种皮出现裂纹时再将种子放入流水中清洗干净，晾晒后播种。

禾本科饲料作物种子要去芒。冬闲田秋播饲料作物品种中，一年生黑麦草等禾本科草种常常长有芒刺、颖片等附属物，这些附属物在收获和加工过程中不易除掉，播后会影响种子的发芽率。播种前，可用去芒机或环形镇压器压后筛选和去芒。

第八节　提高“粮改饲”种植模式效益的途径

“粮改饲”种植模式效益的提高，需要通过“把天拉长”“把地拓宽”实现，利用作物的多样性优化配置，增加饲草料产量，有效控制病虫草害对粮食作物、饲料作物的危害。为提高间作、套作和轮作粮食作物、饲料作物的产量和效益，不同种植模式要符合以下要求：

(1)间作套种和轮作作物，植株应高矮搭配，有利于通风透光，使太阳光能得以充分利用，如玉米与苜蓿间作。

(2)间作套种和轮作作物，要对病虫害能起到相互制约的作用。如红三叶套种玉米，可降低玉米菌核病的发病率。

(3)间作套种和轮作作物，根系应深浅不一。深根系作物与浅根系喜光作物搭配，在土壤中各取所需，可以充分利用土壤中的养分和水分，促进作物生长发育，达到降耗增产的目的，如饲用黑麦和苜蓿间作。

(4)间作套种和轮作作物，圆叶形作物宜与尖叶形作物套作，这样可避免互相挡风遮光，提高光能利用率，如玉米与红三叶间作。

(5)间作套种和轮作作物，主副作物成熟时间要错开，这样晚收的作物在生长后期可充分吸收养分和光能，促进高产。同时错开收获期，可避免劳力紧张，且有利于套作下茬作物。如玉米间作饲用甜菜，主作物玉米先收，副作物饲用甜菜后收。

（6）间作套种和轮作作物，枝叶类型宜一横一纵。株形、枝叶横向发展与纵向发展的作物间套作，可形成通风透光的复合群体，达到提高光合作用的目的，如玉米和饲用甜菜间作。

（7）间作套种和轮作作物，品种双方要一互一利。即利于双方发育生长、互利共生或有利于一方，但不损害另一方的生长。例如玉米套种苜蓿，苜蓿根瘤菌可为玉米提供氮肥，而玉米分泌的无氮酸类则是苜蓿根瘤菌所喜欢的基质。

（8）间作套种和轮作作物，种植行距要一宽一窄。一种作物种宽行，另一种作物种窄行，这样便于通风，保证增产优势。如甜高粱套种红三叶，红三叶窄行，甜高粱宽行。

（9）间作套种和轮作作物，缠绕型作物与秆型作物套作能节约架条、省工省钱。如墨西哥玉米和野生大豆间作，可用墨西哥玉米秸秆代替野生大豆架条，让野生大豆缠绕在墨西哥玉米秸上，还能减轻或抑制野生大豆枯叶病的发生。

第四章

“粮改饲”饲草料生产模式与结构

根据目前我国粮食作物的生产现状，我国主导的粮食作物主要有小麦、玉米和水稻。推进“粮改饲”实际上有两层含义，一是把现有的粮食作物直接用于生产饲草料，另一个是将种植粮食作物生产籽粒为主的农田调整为种植饲料作物生产饲草料。

第一节 粮食作物直接用作饲草料的模式

一、玉米由籽粒生产改为青贮饲草料生产

随着农业产业结构的调整，在以养殖业为龙头的农业结构中，玉米不仅是重要的粮食作物，更是主要的饲料作物。目前农业上种植的玉米品种绝大多数属粮用品种，

籽粒和秸秆分开收获，导致饲草料饲用价值低。通过“粮改饲”，可满足快速发展的畜牧业生产对优质饲草料的需求粮用玉米适时收获、加工制作优质饲草料，特别是制作优质全株玉米青贮饲料，可保证畜禽常年吃到优质全株青贮饲料，实现畜牧业与种植业生产的优质、增产和增效。

1. 粮用玉米全株青贮的好处

粮用玉米全株青贮是将乳熟期至蜡熟期的带穗玉米收获、铡短后，在密闭厌氧条件下，通过乳酸菌发酵，达到长期保存营养价值和均衡供应畜禽青贮饲料的目的。全株玉米在青贮过程中，由于籽粒经过切碎机破碎，糖分流出，为乳酸菌生长繁育提供了更多的养料，加大了籽粒与微生物的接触面积，促进了发酵过程，从而提高了饲料转化率。粮用玉米全株青贮比单纯玉米秸秆青贮营养高出3倍，且适口性好，消化率高达73%以上。一般每3.0~3.5千克青贮玉米中约含玉米籽粒0.5千克。青贮全株玉米的粗蛋白质和糖的含量均高于普通玉米秸秆，且保持了青绿饲料的多汁性，富含维生素和胡萝卜素，因而可显著提高奶牛的乳脂率和产奶量。奶牛场用全株青贮玉米饲喂奶牛的试验表明，在相同精料和添加剂的情况下，用全株青贮玉米饲喂的奶牛产奶量提高15%~20%，乳脂率、乳蛋白含量分别提高9.9%、9.5%。

2. 粮用玉米全株青贮技术流程

粮用玉米全株青贮的生产技术与工艺流程：收获—粉碎—装窖—压窖—密封—贮存。

(1)适期收获：粮用玉米制作青贮饲料无须达到完熟期，当玉米籽粒乳线达到1/2～3/4时为适宜收获期，尽可能在干物质达到35%以前结束收获，此时期粗蛋白质和粗脂肪含量相对较高，营养成分保持比较好，青贮适口性好、消化率高。粮用玉米适期收获可以提高青贮饲料的品质，收获过早，籽粒发育不好，淀粉含量低，营养价值丢失；同时原料含水量过高，降低了糖的浓度，使青贮饲料发臭发黏，而且产生较高的酸度，牛羊不愿吃，减少采食量。收获过晚，虽然淀粉的含量高，但纤维的消化率差，装窖时不易压实，保留了大量空气，有利于霉菌、腐败菌等繁殖，导致发酵的质量差而使玉米霉烂变质。粮用玉米全株青贮要求玉米籽实饱满，茎叶多汁，通常应在玉米乳熟期至蜡熟期收获。这一时期籽实饱满、茎叶高大多汁，含水量在65%～70%，玉米秸秆根部向上有3～4个黄叶。

(2)留茬高度：粮用玉米全株青贮收割部位在茎基部距离地面15～20厘米为宜，留茬过低会夹带泥土，泥土中含有大量梭菌属等腐败菌，易造成青贮腐败；全株玉米青贮根部粗纤维含量过高，不易消化，导致采食量降低。留茬过高使全株玉米青贮产量降低，影响经济效益，对耕种也会有影响。

全株青贮玉米的留茬高度

（3）切割长度：粮用玉米全株青贮切割过长和过短均有不利影响，适宜长度为0.95～1.9厘米。试验表明，切割长度由3.0厘米降低到1.5厘米时，可降低干物质损失率5.53%，一年制作3 000吨青贮饲料的中型奶牛养殖场（小区）每年可减少青贮饲料的无形损失166吨；同时切割长度还应根据全株玉米收获时DM的含量来确定，DM含量较低时，适当增加切割长度。粮用玉米全株青贮时，还要考虑在收获时实现对玉米籽粒的破碎，以提高青贮发酵效果。

玉米全株青贮切割长度与籽粒破碎度的比较

干物质含量（%）	切割长度（mm）	籽粒破碎度（mm）	分级筛上层比例（%）
＜27	17	N	17
28～31	11	2	15
32～35	9	1	10
＞36	5	1	8

(4)青贮设施准备：大型养殖场一般用青贮窖(池)青贮，小型养殖场可地面堆贮或袋装青贮。青贮窖建造的关键是控制好青贮窖的深度和宽度，防止漏水和坍塌，取料方便。青贮窖深度要考虑地下水位的高低，青贮窖的宽度取决于取料速度或养殖规模。青贮窖宽度小，装填密封快速，可以促进更快更好的发酵；取料面小易于管理，干物质损失小，二次发酵的概率就小，这样可以保证牛、羊每天吃到新鲜的青贮饲料。

(5)运输、装填、压实与密封：粮用玉米全株收获直接铡短后，用运输车辆运回青贮场地。运输工具必须无污物，防止夹带泥水、粪便等污物，特别不能与化肥、农药混运，当天不能贮藏完或需晾干的，不能堆积过多，以防发霉，影响青贮质量。随割随运，及时切碎贮存。原料切碎长度以0.75～1.25厘米为宜，超过2厘米的不应超过总贮量的10%。切碎后要及时装填，装填过程中要随时压实，大型青贮窖应用拖拉机等机械压实，中小型青贮窖可以人工踩实，每装填20厘米就要踩实一次，尤其要将窖的边角踩实。当原料装到超过窖口60厘米(中小型窖)或100～150厘米(大型窖)时，封顶，用黑白双色塑料膜封窖，白色向外，后加土30～50厘米或放置废旧汽车轮胎压实封严，窖顶做成馒头型，以利于排水。青贮装窖时应尽量缩短原料在空气中暴露的时间，封窖时间越短青贮质量越好，单个青贮窖尽量在5天内完成(长

55米、宽13米、高3米)，避免霉变发生导致储藏受损。

二、小麦由籽粒生产改为全株饲草料生产

小麦是重要的粮食作物，为了提高小麦种植的收入，减少收获麦粒后秸秆的焚烧，增加优质饲草料的供给，可以将小麦由粮食生产改为饲料生产，由主要产籽粒改为生产全株饲草料。全株小麦制作青贮饲料通常是一年一茬，种植区域不同，收获时间略有不同。在黄淮海地区，可在5月中旬至6月上旬收获。全株小麦青贮的适宜收获期，可根据株、穗的干物质积累情况和生育期来确定，一般小麦进入乳熟期至蜡熟期初期收获青贮较好，此时麦穗籽粒已形成并接近正常大小，呈淡绿色，内部充满乳浆，粒内凝蜡状物质可搓成条。全株小麦青贮的干物质含量以30%~35%为宜，既为乳酸菌提供适宜的水分环境，加快发酵进程，也减少原料养分的损失。干物质低于30%，水分过高，不利于青贮发酵，开窖后影响适口性，干物质超过35%时，麦芒硬化且不利于发酵。如果生育期已达到乳熟期而干物质含量低于28%，可以先收获小麦，在田间或者在场地上进行晾晒，萎蔫后再青贮，这样有利于提高青贮饲料的质量，但会造成营养物质损失并增加人工和收集的成本。目前小麦青贮尚无专用品种可供选择，建议选择籽粒产量相当，茎秆较高、叶片较多的品种，以提高全株小麦青贮的产量。在种植上，播种时适当增加播种量，以提高种植密度，提高小麦营养体产量，

种植密度以增加10%～30%为宜。为了降低青贮小麦的生产成本，种植时，农户可以选择当地抗旱节水和纳入国家良种补贴的小麦品种。当养殖场在小麦播种季节就提前规划种植小麦用于制作青贮饲料时，建议选择硬麦品种，硬麦品种比软麦品种的蛋白质含量高，制作青贮饲料的营养价值更高。

1. 全株小麦青贮的工艺和技术

全株小麦青贮生产技术与工艺流程：收获—晾晒—萎蔫—捡拾—粉碎—装窖—压窖—密封—贮存。

(1)收获：小规模养殖场开展小麦青贮，可以采用带有铡短功能但无籽粒破碎功能的青贮收割机。青贮收割机收割时，留茬高度控制在10厘米以内，小麦铡短长度2～3厘米为宜。较大规模养殖场可选用收获效率高、带有切割台的德国产克拉斯或国产美迪/美诺收割机，留茬高度15厘米，收割后直接装车运至青贮窖青贮即可。

为保证小麦青贮质量，针对乳熟期开始收割、小麦成熟速度快的特点，组织收割要及时，收割速度要快。组织收割时，注意天气预报，避免高温、干热风引起小麦含水量快速下降，不利于青贮压实现象的发生。收割时掌握好小麦的切割长度，切割长度既影响青贮的压实程度，又影响牛、羊瘤胃中有效纤维的含量，进一步会影响青贮饲料在瘤胃中的发酵。

(2)青贮窖：养殖场中建设的青贮窖都可用于小麦青

贮，青贮窖要四壁平直光滑，无缝隙；宽、高比为5或更小，但不宜太小，太小建造成本会增加，同时保证每天取用厚度≥20厘米。

(3)装窖：每一个青贮窖从装窖到封窖，尽量减少装料中间停顿的时间。根据青贮窖大小，尽量短时间内完成装填和压实，较小的青贮窖尽量保证2天内装封完。同时要保证原料新鲜，从收割到卸车不超过4个小时。

(4)压实：小麦秸秆中空的，在制作青贮饲料时，压窖非常关键，每一层的厚度要控制在10~15厘米，保证干物质含量不少于200千克/米^3。小麦青贮压实要尽量增加压窖车的总重量，降低压窖厚度。若进料速度为100吨/小时，原料干物质含量为30%，则至少使用4台15吨重压窖车，使压窖密度达到干物质200千克/米^{3}以上，轮式装载机的压实效果要好于链轨式推土机。

(5)封窖：小麦青贮压窖后，顶部容易腐烂。为防止顶部腐烂，需在顶部撒食盐进行防腐，每平方米撒2~4千克食盐。压实后的青贮窖存贮高度不能超过窖体20厘米，要与青贮窖侧墙面持平。青贮窖密封要封3层膜，2层透明膜、1层黑白膜，并压上轮胎，增加密封性。

2. 全株小麦青贮的损耗

小麦青贮收割难度相对较低，质量和数量都容易控制和保证，小麦青贮损耗量一般为2%~3%，有时顶部青贮料的颜色与中下部青贮料不一样，颜色较深，呈褐色或浅褐色，但并不腐烂和霉变。小麦青贮损耗量的大小和青贮制作持续的时间有关，制作小麦青贮饲料的时间最好不超过3天，制作过程中要随时收看天气预报，避免淋雨，封窖一定要严要实。

3. 全株小麦青贮的利用

（1）青贮效果：全株小麦青贮与全株玉米青贮的发酵效果、干物质水平以及饲喂效果相近。虽然全株小麦青贮的淀粉含量没有全株玉米青贮高，但小麦青贮制作的优良青贮饲料的能量转化率略高于全株玉米青贮，因此优质全株小麦青贮饲料可以1∶1替代全株玉米青贮饲料。此外，小麦青贮饲料投放饲喂时容易风干，控制水分和防止挑食是要注意解决好的问题。

（2）饲喂量与饲喂方法：全株小麦青贮饲料的饲喂量、饲喂方法可根据牛、羊的采食量和需要量来确定，如饲喂全株青贮玉米的养殖场，可按照全株玉米的饲喂量来确定青贮小麦的饲喂量。

4. 全株小麦青贮的好处

（1）奶牛饲喂全株青贮小麦可增加产奶量，但增加饲养成本，一般每头奶牛饲养成本增加2元/日。全株小麦青贮可以有效解决养殖场全株青贮玉米储备不足和不能均衡供应的问题。

（2）小麦种植在秋末，生长在冬春季，制作青贮饲料收割时间在每年的5～6月，全株小麦制作的青贮饲料质量稳定性好，在夏季奶牛饲喂全株小麦青贮饲料，有助于提高奶牛的采食量并缓解夏季热应激。

（3）小麦全株青贮与全株玉米青贮相比，全株小麦青贮质量更稳定，青贮数量也更有保障。但小麦产量比玉米低，小麦籽粒单价比玉米籽粒高，因此生产小麦全株青贮饲料的成本比全株玉米青贮高10%～15%。

5. 对小麦生产的增收作用

小麦制作青贮饲料，用于牛、羊饲养，能增加农民收入，避免麦粒收获后，麦秸就地焚烧造成的环境污染。传统的小麦种植，绝大多数收籽粒，亩收入在1 000元左右。2015年，泰安市试点收获全株小麦制作青贮饲料，产生良好效果。一是收获全株小麦青贮比收获籽粒提早收获15～20天，为下茬夏播玉米种植争取了提早播种的时间。二是全株小麦青贮的收购价每亩1 100～1 300元，比收小麦籽粒高200元，实实在在地增加了农民收入。三是全株小麦青贮由奶牛场负责收割运输，避免了秸秆焚烧，省去了秸秆粉碎还田带来的成本，可谓一举多得。四是为牛、羊养殖提供了优质饲料。全株小麦青贮饲料能最大限度保持小麦的多汁、青绿特性和营养成分，具有口感好、营养价值高等优势。

第二节 粮食作物改种饲料作物的模式

一、粮用玉米品种改为青贮玉米品种

目前农业上种植的粮用玉米品种，其籽粒和秸秆蛋白质含量较低、饲用价值不高，“粮改饲”的重要方式之一就是由种植粮用玉米品种改种青贮专用玉米品种。青贮玉米具有植株高大、生物产量高、多分枝、耐刈割、植株饲用品质好等优点，而且在生产上弹性大、风险小，当畜牧业对青贮玉米需求量大时，收获青贮玉米的比重就可加大；反之，当畜牧业对青贮玉米需求量小时，收获青贮玉米的比重可适当减少。青贮玉米具有营养全面、能量高等特点，饲喂青贮玉米可以提高养殖效率，改善肉、奶品质。种植青贮玉米，必须因地制宜选择具有较强的抗病性、抗倒伏性、保绿性好、适合本地气候条件的优良品种。种植青贮玉米与粮用玉米相比，可省略玉米收获、脱粒、晾晒等劳动环节。

二、粮用小麦品种改为饲用黑麦品种

在冬小麦种植区，特别是一些将小麦收获直接制作全株青贮饲料的地方，可以将种植粮用小麦品种转变为生产优质饲草料、产量更高和饲用价值更高的饲用黑麦品种。从饲草生产性能上比较，饲用黑麦生产优势更明显。

饲用黑麦株高达1.5～1.7米，分蘖多，茎叶生长繁茂，叶量大，叶茎比高；抗倒伏，便于机械收割，鲜草产量可达3 300千克 / 亩，产草量比小麦高出10%～15%，比饲用大麦增产40%～50%，干草产量达820千克 / 亩；饲用黑麦结实率也高，籽实产量达250千克 / 亩，属于高产型饲用麦类新作物。

饲用黑麦营养品质好，籽粒蛋白质含量为19.7%～20%，比小麦蛋白质含量高出30%，必需氨基酸中的赖氨酸含量更是高出50%。饲用黑麦在分蘖期，植株茎叶蛋白质含量高达15.4%～17.8%，赖氨酸含量为0.6%；扬花后7～10天收割时，蛋白质含量为15%，赖氨酸含量为0.5%，是优质高蛋白麦类青饲料作物。饲用黑麦的茎叶柔软，适口性好，多种家畜喜食。饲用黑麦中富含脂肪、碳水化合物和维生素，可为家畜提供丰富的能源。试验结果显示，每千克饲用黑麦可提供3 703千卡能量，优于饲用大麦和高粱。

饲用黑麦适应性强，根系发达，入土深，分布广，抗旱性强，对土壤酸碱度要求不严格，耐瘠薄，适种区域较广，在我国北方和南方均可种植。在北方冬闲田种植，作为冬季饲草利用，同时可对地表覆盖，有利于水土保持，防止冬春季扬尘的出现，生态效益显著。

饲用黑麦的抗寒性和抗病性强、耐刈割，可耐 –20～

-30℃的低温，在2～13℃的较低温度下能快速生长，一般冬季能保持青绿；再生性良好，冬春季节可多次刈割，在冬春枯草期提供宝贵的优质青绿饲料。饲用黑麦综合抗病性强，对白粉病免疫，高抗叶锈、条锈、秆锈和丛萎、黄萎等病毒病；虫害少，持绿期长，整个生长期内不需要喷施农药，既降低了成本，又保护了环境。

第三节 “粮改饲”构建的生产结构

“粮改饲”最终是要形成高产高效生产结构和“粮—经—饲”三元种植结构。这种生产结构，在目标上，注重产品安全、质量和效益；在重点上，突出增强农产品市场竞争力，促进农业升级和增加农民收入；在动能上，主要依靠科技进步和机制创新；在生产实践上，着力构建与市场需求相适应、生态友好、资源节约的高产高效结构。

（1）构建均衡的作物结构：构建与需求结构相适应的粮食作物、经济作物和饲料作物均衡发展的种植结构，在稳定粮食综合生产能力的基础上，充分挖掘饲草料的生产潜力，扩大饲料玉米的种植面积，优化布局，强化基础，主攻单产，增加总产，稳定增加青贮玉米的供给；积极推进优质饲草生产，发展苜蓿等优质牧草，进一步挖掘秸秆饲料化的潜力，拓展优质饲草的发展空间，合理利用“四荒地”、退耕地和冬闲田种植优质牧草，加快建设人工草地。

(2)构建满足市场需求的品种结构:适度调减粮用小麦、玉米品种的种植面积,大力发展饲用黑麦;因地制宜加快发展饲用玉米和青贮玉米;加快推广饲用油菜、饲草大豆等新品种,提高饲草料产品的质量和种植效益。

(3)构建优化的空间结构:依据资源环境条件,构建优势区域布局和专业化生产格局,提高饲草料生产与资源环境的匹配度。适当调减玉米种植面积,扩大苜蓿种植面积;在生态脆弱、土地瘠薄的地区,扩大坡耕地退耕还草、粮草轮作的面积。

(4)构建合理的耕作结构:加快推广环境友好型、资源节约型种植方式,逐步建立起与资源环境相适应的保护性生产结构。控制玉米等禾本科粮食作物的规模,扩大饲草大豆、苜蓿等豆科作物面积,建立合理的轮作制度,发挥豆科作物的养地功能。

第四节 "粮改饲"集成的种植制度模式

种植制度是耕作制度的中心环节,是各种作物在一定土地面积上的分布配置以及不同作物之间种植方式的总称。"粮改饲"是种植业制度的变革,也是农牧业结构调整的重要途径。

"粮改饲"可形成不同作物配置、种植方式和土地利用方式的种植制度,可以细分为轮作、复种、间作、套作、混播、混种等种植制度。

轮作制度是以轮作模式为主导的种植制度，主要是在同一地块上于一定年限内有计划、有顺序地轮换种植粮食作物、经济作物和饲料作物。简单来说，就是在同一块田地上有顺序地更换种植不同作物的种植方式。如在一年一熟条件下，饲用豌豆—燕麦—青贮玉米3年轮作，这是在年间进行的3年作物轮作；在一年多熟的情况下，既有年间轮作又有年内轮作，如苜蓿—饲用黑麦—青贮玉米、饲用黑麦—饲用高粱—饲用油菜等方式。这种由不同的复种方式组成的轮作又称为复种轮作。

复种制度是以复种模式为主导的种植制度，主要是在同一块土地上在一年内连续种植超过一熟（茬）作物的种植制度。复种能显著提高土地和光能利用率，是实现饲料作物高产种类多样、饲草料周年均衡供应的一个有效途径。如饲用黑麦—青贮玉米一年两熟制度、饲用黑麦—青贮玉米—青贮玉米一年三熟制度。

间作制度是以间作模式为主导的种植制度，主要是在同一块地上种植两种或两种以上习性相似的饲料作物，以提高利用率。如青贮玉米和苜蓿两种作物间作，在两行玉米之间种两行或多行苜蓿。

套种制度是以套种模式为主导的种植制度，指在一种饲料作物生长后期在田间种上另一种生长期短的作物，在前一茬饲料作物未收割之前将后一茬作物种入前茬的行间、株间。如在苜蓿尚未收完前种入冬牧70黑麦。

混播制度是以混播模式为主导的种植制度，是将两种及以上饲料作物的种子按照一定比例混合播种。如黑麦草、白三叶和高羊茅混合播种，建设人工饲草料基地。

第五节 "粮改饲"集成的区域化模式

根据地域生态、农业生产和气候条件的差异，"粮改饲"采取因地制宜的方法、步骤和措施，是推进"粮改饲"工作实现种养结合和以养定种目标的必然选择。

一、不同地域的"粮改饲"模式

从目前国家"粮改饲"推进试点布局看，主要分为三大区域，即南方石漠化地区、黄淮海地区和农牧交错带"镰刀弯"地区。三大区域根据各自的自然气候条件与经济发展水平，因地制宜地建立了具有区域特点的"粮改饲"模式。

1. 南方石漠化地区的"粮改饲"

南方石漠化地区包括云贵高原和广西、四川山区。该区域冬春季节有大量农闲地，水热条件虽不适合农作物种植，但对饲料作物和牧草生长十分有利。研究和推广了冬闲稻田种植黑麦草和柱花草技术，建立了"稻—草"轮作体系的"粮改饲"模式，可利用冬闲季节生产大量优质牧草，发展畜禽养殖业，也有利于用地养地，改善土壤结构，提高土壤肥力。

2. 黄淮海地区的“粮改饲”

黄淮海地区是北温带地区、我国的粮食主产区，也是我国进行种植业结构调整潜力较大的地区，该区水热同期适合各种饲料作物、牧草生长和种子生产。平原地区可用苜蓿、野豌豆、冬牧70黑麦等与粮食作物进行轮作，既可养地肥田，较大幅度提高后茬作物的单产，又可以生产大量优质牧草，解决饲草料不足的问题。如黄淮海平原一年两季作物地区，冬牧70黑麦与玉米复种、饲用黑麦与玉米复种、小麦与青贮玉米复种，均是粮改饲的可推广模式，且可以获得良好的经济效益。在一些中低产田种植苜蓿、红豆草、毛叶苕子、披碱草等多年生牧草，建立农区人工草地，也将获得良好的经济效益和生态效益。

3.“镰刀弯”地区的“粮改饲”

“镰刀弯”地区是农牧交错带，区域内农田、草地交错分布。该区域气候多变，形成了较为脆弱的农牧复合系统，存在的主要问题是生态环境恶化，农业生产力水平低下，种植业结构亟待改善。“粮改饲”、退耕还林和退牧还草是遏止土地“三化”的重要措施，在退耕地上种植无芒雀麦、老芒麦、披碱草、羊草、苜蓿、沙打旺等多年生牧草，建立优质高产人工草地，不仅可以减缓日益尖锐的草畜矛盾，而且能形成高效植被。利用草木樨或“燕麦＋箭舌豌豆”与当地作物进行轮作，是该地区“粮改饲”的重要模式。研究表明，该区耕地种植牧草和饲料作物，进行草田轮作，粮食产量非但未减，还有增加的趋势，同时收获大量饲草，促进了当地畜牧业高效发展，使农民的经济收入有了很大提高，有效遏止了土地沙化和水土流失。

二、不同耕作区的“粮改饲”模式

不同耕作种植区开展饲料作物生产，建立集成和可应用的“粮改饲”模式。

1. 水旱轮作耕作区

适宜在水稻等粮食作物收获后，秋播越年生饲料作物，由“水稻—小麦”水旱轮作转变为“水稻—饲料作物”粮饲双收生产模式，饲料作物可以选择黑麦草、冬牧70黑麦、紫云英、苕子、箭舌豌豆等品种；也可以转变为“饲料作物—小麦”生产模式或以优质饲草料生产为主的“饲料作物—饲料作物”模式，饲料作物可以选择春播的青贮玉米、墨西哥玉米、苏丹草、苦荬菜、籽粒苋或秋播的黑麦草、冬牧70黑麦、饲用包菜、胡萝卜等品种。

2. 旱田轮作耕作区

适宜在小麦、棉花等粮食和经济作物收获后种植饲料作物，由“小麦—粮用玉米”转变为“小麦—饲料作物”粮饲双收的生产模式，由“小麦—棉花”转变为“小麦—饲料作物”粮饲双收的生产模式，也可以由“棉花—小麦”转变为“饲料作物—小麦”或者“饲料作物—粮用玉米”粮饲双收的生产模式，由“饲料作物—小麦(粮用玉米）”粮饲双收的生产模式转变为以生产优质饲草料为主的“饲料作物—饲料作物”生产模式。饲料作物可以选择适宜春播的青贮玉米、饲用甜高粱、苏丹草、苦荬菜、籽粒苋等，适宜秋播的当家品种有饲用黑麦、大麦、苜蓿、串叶松香草、鲁梅克斯、菊苣等。

3. 果树与经济林生产区

可利用幼龄林、果、茶、桑园空闲地，种植耐阴的豆科饲料作物。土壤中性或偏碱地区种植苜蓿、草木樨、沙打旺、高羊茅、鸡脚草等品种；土壤偏酸地区，选择种植红三叶、白三叶、多年生黑麦草等品种。

4. 沿海滩涂未利用地区

盐碱较重的沿海滩涂地可选择种植田菁，盐碱较轻可选择种植苜蓿、草木樨、沙打旺等豆科饲料作物，也可以选择种植黑麦、高丹草、饲用高粱、高羊茅等禾本科饲料作物。

5. 低山丘陵地区

低山丘陵地区土层较薄，原生植被覆盖交叉的地块可以选择种植耐旱、耐贫瘠、覆盖性好的多年生饲料作物品种，如豆科苜蓿、三叶草和禾本科高羊茅、多年生黑麦草等，并且尽量做到豆科与禾本科混播。

第五章

“粮改饲”种养结合模式与技术

“粮改饲”是由原来传统的以粮食生产为主，向饲草料生产转变，目标产品是动物养殖所需的饲草料。在我国，粮食生产的主要区域是农区，而农区大都四季分明，冬冷夏热春秋温和，不仅适宜各种作物生长，也是发展畜牧生产最为经济高效的区域，种养结合可以互补共赢。种植业通过作物的光合作用生产出养殖业所需的各种饲草料，养殖业以种植业的产品或副产品为饲草料来源，生产出人们所需的肉蛋奶等更具营养的畜产品，畜牧生产中动物排泄出的粪便经过处理还给农田作为有机肥料被作物吸收利用，构成物质能量互补的作物生产生态系统。“粮改饲”为重构种养结合系统创造了机会，也必将成为未来农牧业发展的一种趋势。

第一节 “粮改饲”中的物质流与能量流

“粮改饲”可促进种养结合，而种植业和养殖业有机结合会带来物质流和能量流的高效转化和利用。养殖业是指利用畜禽等动物的生理机能，通过饲养、繁殖，将饲草料等植物能转变为动物能，并以肉、蛋、奶、皮、毛和药材等畜产品的形式为人们生活和生产服务。种植业是指利用植物的生产和生活机能，通过栽培管理和生产，将光能转变为植物储存的化学能，并以植物性产品的形式为人类和动物提供粮食、副食品、饲草料和工业原料等服务。“粮改饲”将动物性生产与植物性生产有机结合，能够充分有效地将物质和能量在动植物之间进行转换及良好的循环，种植业可以从畜禽养殖产生的粪便中获得有机物作为有机肥而增产增收，又能为畜禽养殖提供饲草料。养殖业在利用种植业生产饲草料的同时，可以显著提高种植业的附加值和效益，将人类不能直接利用的植物性产品转化为人类可利用和更高品质的食物。

第二节 “粮改饲”种养结合的基本模式

“粮改饲”的方式和模式不同，在构建种养结合模式上也有所不同，但基本模式主要有：

1.“饲料作物—畜禽养殖”的种养结合模式

在直接将粮食作物改种为饲料作物的“粮改饲”试点地区，可以利用草食动物如牛、羊将饲草料直接转化利用，生产牛、羊奶和牛、羊肉，建立以养牛、养羊为主体的“饲料作物—牛羊养殖”的种养结合模式。此模式根据牛、羊营养标准配置耕地中种植饲料作物的数量和种类，同时兼顾生产精料、补充料所需的粮食类产品，以满足牛、羊对配方精料的需要。牛、羊排出的粪便经过处理后，成为有机肥料，用于种植饲草料作物，减少化肥施用量，既可以防止环境和土壤污染，又可保证牛、羊奶和牛、羊肉的绿色生产。

2.“粮食作物—饲料作物—畜禽养殖”的种养结合模式

在生猪和家禽发展基础条件较好、粮食作物与饲料作物并重的“粮改饲”试点地区，可由养殖企业牵头，带动农户建立以发展养猪养禽为主体的“粮食作物—饲料作物—畜禽养殖”的种养结合模式。此模式按照畜禽的营养标准配置相应耕地种植畜禽所需要的优质饲料，而饲料的种植以猪、禽排出的粪便经加工处理的有机肥为主，能够保证猪、禽所用的青饲料和精料达到相应的标准，促进猪、禽绿色生产。

3.“粮食作物—饲料作物—经济作物—畜禽养殖”的种养结合模式

在粮食作物、饲料作物、经济作物都具生产优势的“粮改饲”试点地区，以生产绿色农产品和畜产品的企业为主体，将粮食作物、饲料作物、经济作物生产的产品或副产品，作为畜禽养殖的精饲料、青饲料、青贮料和粗饲料来饲养畜禽，获得绿色农产品和畜产品。在粮食作物、饲料作物和经济作物生产中，均建立与之配套的畜禽养殖规模，畜禽粪便等可以被作物生产消纳，形成高效循环的种养模式。

第三节　饲料作物生产与养鸡的种养结合模式

“粮改饲”开展的饲料作物种植和饲草料生产与养鸡生产相结合，构建起“饲料作物种植—养鸡生产”相结合的种养模式。

一、“饲料作物种植—放牧养鸡”的种养结合模式

选择饲料作物中的多年生品种，建立多年生饲草料基地，可以开展草地放牧养鸡生产，建立“饲料作物种植—放牧养鸡”的种养结合模式。

1. 饲料作物品种选择与草地建植

草地放牧养鸡模式，首先要建植草地，草地建植应选

择多年生饲料作物；其次，建立的放牧型草地应考虑鸡的食性、草地的耐践踏和持久性。品种上选用分枝分蘖多、再生性强、适应性强、适口性好的品种，选用较多的有豆科的白三叶、苜蓿，禾本科的多年生黑麦草、高羊茅等。在种植方式上可采用豆科牧草60%与禾本科牧草40%的混播方式。

2. 鸡品种选择

所选择的品种应具有良好的生产性能，以肉用、蛋用的地方品种或杂交鸡为好；也要考虑鸡羽毛的色泽与市场需求，关注鸡肉的风味与嫩度。

3. 草地放牧养鸡的管理

① 育雏日。准备放牧养殖的鸡1～28日龄（夏天25日龄，冬天30日龄）集中育雏，使用全价饲料饲养，采用平养或网上平养的方式。② 育成鸡的饲养。完成育雏的鸡，一般30～100日龄开始在草地放牧散养。为保证鸡有充足的牧草采食和宽敞的牧地活动，降低养殖成本，避免过度放牧造成草地损坏和土壤板结，一般适宜密度为300～400只/公顷，鸡舍密度为1～2只/米^2。草地牧草覆盖率达到90%时，可分小区轮牧，5～7天换一个小区，20～30天轮牧一次，轮牧时应采取诱导方式将鸡引诱到放牧地点。每出栏一批鸡要搬迁一次，避免草地环境中病原微生物增殖导致鸡群发病增加；同时利于草地对鸡粪的吸收，利于草地保养和恢复，及时补种牧

草，以利于再次使用。为提高放牧鸡群的生产效率，需对放牧鸡群进行补饲，补饲精料，每天早、中、晚各补饲一次，30～70日龄每天按日粮的50%～60%补饲精料。早、中补饲精料的40%，让鸡产生饥饿感，到牧地觅食活动，以利于鸡肉品质风味的提高；晚上补饲精料的60%，以利于鸡的生长发育；出栏前30天左右补足精料，以保证出栏重量。补饲要定时、定量、定声音，让鸡形成条件反射，到预定地点补饲。③ 鸡舍主要供鸡群夜晚休息和恶劣天气使用，因此修建可以相对简便，降低建设成本。

4. 放牧养鸡的好处

草地放牧养鸡，饲养环境好，鸡的活动多，疾病少，生产的鸡肉安全、鲜嫩、风味好，受消费者欢迎。

5. 草地放牧养鸡的环境要求

草地放牧养鸡的周围环境应禁止喷洒农药，防止鸡中毒，要建立一定的防护设施，防止野兽及其他动物对鸡群的侵害。放牧养鸡的草地要建在环境好、无污染源、隔离条件好、饲料和鸡产品运输方便的地方，选择果园地、经济林地和生态林地更为经济。

二、“青贮玉米地—放牧养鸡”的种养结合模式

“粮改饲”开展籽粒玉米生产转变为青贮玉米生产，青贮玉米直接收获加工饲喂畜禽，构建起“青贮玉米地—放牧养鸡”的种养模式。

1. 青贮玉米地的种植模式

为了提高农田的利用效率和效益，在农田中种植两季青贮玉米。具体方法是：3月中下旬，选择高产早熟青贮玉米品种种植，实行双膜覆盖，6月上旬乳熟期收贮，亩收2.5～3.0吨，收购价260元/吨，亩经济效益为650～800元。6月上旬再夏播青贮玉米，9月底至10月初收贮，亩收2.5～3.5吨，收购价260元/吨，亩经济效益为650～800元。

2. 鸡的品种选择

主要依据市场需求来选择，大多数选择当地土种鸡，汶上芦花鸡、莱芜黑鸡等地方品种较好，符合当地人的爱好，肉质鲜美、价高质优、供不应求。另外，根据不同季节饲养不同性别的土种鸡，经济效益更高。如在中秋节出售，可饲养本地土种公鸡；而在冬季和春节出售，可饲养本地土种母鸡，原因是当地中秋节人们喜好宰杀公鸡或作为礼品赠送亲友，冬季和春节主要用母鸡炖汤作为滋补营养品。

3. 鸡场选择和建设

一般选择离村庄较远、交通便利、地势平坦、取水排水方便的田块，面积一般不低于1 000平方米，鸡场的建设视养鸡规模而定。在青贮玉米地里养鸡，要搭建一个塑料大棚，供育雏、防雨雪、防晒并作为鸡的休息场所。以饲养1 000只土鸡为例，需搭建一个长10米、宽5米的大棚。大棚一般两层塑料膜、一层草帘和50根小竹竿，投资在300元左右。在棚的外围围上长50～100米、宽10～15米的网子，占地面积约667平方米，网高2米左右，严防鸡跑出田块。在养鸡场内装上3～4盏高压汞灯诱虫和照明，在地头建10平方米左右的活动板房，作为养鸡户看鸡、喂料的休息场所。

4. 青贮玉米地养鸡的管理

① 鸡的年饲养批次和数量及时间安排。青贮玉米地网围养鸡，年饲养3批，每批1 000只最好，即第一批鸡3月上旬至6月中旬、第二批鸡7月上旬至10月上旬、第三批鸡10月下旬至翌年2月下旬。每批鸡饲养周期，公鸡100天左右，母鸡150天左右。如果条件许可，常年均可饲养。在每批鸡的饲养周期中注意对鸡舍、鸡场的消毒，尽量减少病源。避免密度过大造成鸡生存环境变差、成活率降低，感病，密度过小易造成浪费。② 雏鸡一般在20日龄前，为了增强其抵抗力，喂一些精细颗粒料。30～50日龄能适应外界环境后，改喂自配饲料，自配饲料一般是5% 添加剂、20% 豆饼、70% 玉米和5% 的其他原料。50～100日龄后可以在田间放养，采食田间鲜草、昆虫等食物，适当补喂玉米、麸皮等即可。③ 鸡饲养的温度控制。环境温度的调控与雏鸡的体温调节、运动、采食、饮水、呼吸及饲料的消化吸收等有关。育雏第一天、第二天育雏室温度要稍高些，在36～37℃。随着雏鸡日

龄增加，温度逐渐降低，一般每周降低3℃左右。育雏室温度与室外相同时，停止育雏器给温，开始放养。放养后注意天气变化，及时做好幼鸡的保温和防暑降温。④常见鸡病的防治。鸡马立克氏病，在1日龄注射马立克氏病疫苗进行预防。鸡新城疫，雏鸡7天首免，21天二免，40天三免，滴鼻、点眼或饮水，70天后可用1系肌肉注射。传染性法氏囊病，可用法氏囊疫苗免疫，一般雏鸡15天首免、30天二免，用弱毒苗饮水免疫。鸡白痢，将0.04%呋喃唑酮和0.1%~0.2%氯霉素混入饲料，连续喂5~7天。鸡球虫病，一般发生在45日龄，可用磺胺类药、呋喃类药等防治。

5. 鸡的放养时间

青贮玉米地放牧养鸡，一般在玉米生长到大喇叭口期后再在地里放养，避免影响青贮玉米的生长和产量。

6. 青贮玉米地养鸡的好处

青贮玉米地网围养鸡投入少见效快，技术简单，操作方便。生产出的产品为土鸡和青贮玉米，且不含激素和农药，商品价格和销量远远大于同类产品，深受广大消费者的欢迎，生产效益可观。以每亩年养鸡2批为例，其经济效益为5 000~10 000元。同时鸡粪可以肥地，减少肥料投入和环境污染，使农牧生产形成良性循环。

三、“冬闲田种草—养鸡”的种养结合模式

在棉田、烟田和春播作物种植地等冬季无占地作物的地块种植饲料作物，如一年生黑麦草、饲用黑麦和冬牧70黑麦，黑麦生长到一定高度后可以刈割饲喂舍饲的鸡群，也可以放牧养鸡。

选择达到育成年龄的鸡进行冬闲田养殖，以42日龄以上的优质地方鸡品种为好，密度100只/亩，可以获得最大增重，料肉比较低、鸡胸肉剪切力值最低、肌苷酸含量最高。

冬闲田种草养鸡可以提高土地利用效率，提高土壤肥力，降低饲料成本，改善肉质，增加经济效益。

四、“青饲料种植—收获调制后养鸡”的种养结合模式

在笼养、圈养、散养等养鸡方式中，通过种植青绿饲料，收获调制后用来养鸡，是饲料作物种植和养鸡相结合的种养新模式。

1. 饲料作物的品种选择

不论蛋鸡还是肉鸡，都可以利用一部分牧草，但不宜大量饲喂。农户小规模养鸡，可在夏秋季节适量饲喂一些茎叶类饲料作物的叶片，品种可选择菊苣、苦荬菜、俄菜、饲用小白菜、饲用甜菜等。这些饲料作物叶片铡碎后

与精饲料搭配喂鸡，可促使营养均衡吸收和鸡生长。

2. 饲料作物的种植安排

春季选择叶菜类饲料作物，如饲用油菜、苦荬菜等，采用特早熟栽培，6月上旬收获后切碎与玉米面等搅拌作为鸡的日粮；接着抢种一茬小白菜，收获切碎后与玉米面等搅拌均匀作为鸡的日粮，11月上中旬出售肉鸡；以后将鸡粪堆置腐熟，土壤深耕晒垡1个月后，每亩施腐熟鸡粪1 000千克，接着种植菊苣等秋季饲料作物，翌年收获利用。

第四节　饲料作物生产与养鹅的种养结合模式

种植饲料作物养鹅是一种推广比较广的种养结合模式。

一、"饲料作物种植—养鹅"的种养结合模式

1. 饲料作物的品种选择

根据鹅的采食习性和养殖方式，可以选择黑麦草、白三叶、苜蓿、羊茅等建立放牧鹅的草地，选择菊苣、苦荬菜等品种种植收获后调制饲喂。

2. 鹅对草料的需求

每只育肥鹅从孵化到出栏需90天，每只鹅需要饲料（干物质）27千克，青绿饲料作物可占鹅日粮的80%～90%，每只鹅需要青绿饲料（干物质）23千克。

3. 饲料作物种植与利用模式

① 种植苜蓿、黑麦草和苦荬菜养鹅，即采用苜蓿+黑麦草+苦荬菜的生产模式，搭配比例为1∶1∶3，每只鹅需要供给苜蓿5千克、黑麦草5千克、苦荬菜15千克。在正常生产条件下，每1 000只鹅需要种植6～10亩苜蓿、4～6亩黑麦草和10～15亩的苦荬菜。② 种植黑麦草和菊苣养鹅，即采用黑麦草+菊苣的生产模式。这种模式青绿饲料占鹅日粮的70%～80%，每只鹅需要青绿饲料作物（干物质）20千克，黑麦草与菊苣的比例为2∶3，每只鹅需要黑麦草8千克、菊苣12千克。在正常生产条件下，每1 000只鹅需要种植6～10亩黑麦草和10～15亩的菊苣。③ 种植苦荬菜和菊苣养鹅，即菊苣+苦荬菜的生产模式。青绿饲料占鹅日粮的70%，每只鹅需要青绿饲料（干物质）19千克。在正常生产条件下，每1 000只鹅需要种植15～20亩的菊苣和苦荬菜。④ 种植苜蓿、白三叶等豆科牧草，晒制成干草养鹅，即豆科牧草干草生产模式。这种模式干草可占鹅日粮的10%～15%，每只鹅需要干草（干物质）4千克。在正常生产条件下，每1 000只鹅需要种植4～6亩苜蓿等豆科牧草。

二、“林间饲料作物种植—养鹅”的种养结合模式

1.“林间饲料作物种植—养鹅”的好处

在林地间隙种植饲料作物喂养肉鹅的养殖模式，肉鹅生长周期短，一般80～90天可出栏。鹅排泄的粪便和吃剩的草渣混合后，被土壤吸收，可增加土壤养分，促进林木生长，构建起林地种草、以草养鹅、鹅粪肥林的循环型生态模式，实现了养鹅经济效益和生态效益最大化。以鹅粪育林，可加快林木生长速度，肥力不足的杨树生长8～10年成材，而鹅粪育林5～6年就能成材。林下养鹅模式适宜4～7米株行间距的林地，一年可以饲养肉鹅4批。

2. 饲料作物品种选择

根据林地的光照程度选择饲料作物品种，遮阴度高的林地选择一些耐阴饲料作物品种，如白三叶、鸡脚草等，阳光充足的林地可选择黑麦草、菊苣、苜蓿等高产饲料作物品种。林下种植饲料作物要选择青绿期长、适口性好、鲜草产量高、营养丰富的品种，每年可多次收割；用于放牧时，要具有良好的耐践踏性和耐牧性。

3. 林地选择与草地建植

林下养鹅的林地可以是落叶林，也可以是常绿林。落叶林可在每年秋季树叶稀疏时，在林间空地播种黑麦

草，翌年3月开始养鹅，实行轮牧制。黑麦草季节过后，林间杂草又可作为鹅的饲料，鹅粪可提高土壤肥力。如果是常绿林，则主要以野生杂草为主，可适当播种一些耐阴牧草，以补充野杂草的不足。在幼林中养鹅可利用树木小、林间空地阳光充足的特点，大量种植黑麦草、菊苣、白三叶等，充分利用林间空地资源养鹅。

4. 林下种草放牧养鹅的管理

林下放牧养鹅的密度一般为12只/100米^{2}比较合理，太多易形成鹅多草少，不能满足鹅每天的采食需求，造成争食，导致出栏时鹅的体重大小不一。放牧鹅群一般100~200只一群为宜，由1人放牧。根据实际情况和鹅群大小将土地分成若干块，用网状物隔开，划区轮牧，保证放牧鹅有充裕的青饲料。

三、“果园饲料作物种植—养鹅”的种养结合模式

种植的水果品种不同，果园种植饲料作物养鹅的模式也各不相同，主要有梨园套种苜蓿养鹅模式，苹果园套种鸭茅、白三叶养鹅模式，核桃树下套种黑麦草养鹅模式等。

1. 场地的选择

根据养鹅的方式确定草地建植要求，刈割青饲料喂鹅时，为了减少运输工作量和费用，最好离鹅舍近一些。

为防止水土流失，不要在坡度30°以上的地方建立刈割草地。建植果园放牧草地，要选择靠近清洁水源、地势平缓、通风良好、有遮阴设施的地方。草地周围没有疫情，没有被农药、化学物质、工业废物、油渍等有毒有害物质污染，没有碎玻璃等杂物；草地要远离公路、学校、工厂等嘈杂的地方，以免鹅群受惊吓；放牧场还应有小树林或大树，若没有则应在地势较高处搭建临时阴棚，供鹅休息、避风、避雨、避寒、避热。随着果树的生长，果园内的郁闭度增加，产草量减少。因此，建植果园草地应结合果树的更新，分别在幼果林、中龄果林、成熟果林建植草地，以便有充足的果园草地供长期利用。

2. 饲料作物品种的选择

饲料作物品种决定青绿饲料的产量和质量，而产量和质量直接影响鹅的营养需要和生长发育。随着果树的生长，其覆盖度增大，对饲料作物的生长发育有一定的影响。选择种植的饲料作物品种鹅要喜食；耐阴性强，能在果树下较好生长；高度要适中，一般选择株型低矮、根系发达、覆盖度高、生物量大的品种；多年生，再生能力强，耐践踏；须根系，没有发达的主根，少与果树争夺水分和养分；与果树没有共生病虫害，能栖宿果树害虫的天敌更好；能充分利用果树冬眠期的光能和热能。

3. 果园饲料作物的种植

果园地在饲料作物播种前要进行地面清理，去除杂草，松土，施基肥（20~30吨/公顷厩舍肥）。可春播，也可秋播，一般采用秋播，根据果园地势、果树品种、地区、季节、气候、土壤肥力、种子纯度和质量等酌情播种。播种方法：一般采取条播，行距20~30厘米不等，也可以撒播或穴播，或苗圃育苗移栽。播种深度宜浅不宜深，一般为2厘米，撒种后稍耙即可。播种时，凡种子较硬实的，应提前一天用水适当浸泡，以促进种子萌发。豆科牧草播种时应拌根瘤菌。

4. 果园饲料作物的田间管理

防除杂草是田间管理的一项重要工作。饲料作物苗期生长缓慢，易受杂草危害，应及时清除。灌溉是提高产量的重要措施，在干旱季节和地区应及时灌溉，以促进生长，增加产量。饲料作物无论收割还是用于放牧，每年都从土壤中带走大量养分，会造成土壤肥力下降，继而影响产量。为了保证稳产高产，施肥是关键，除结合整地施足基肥外，每次刈割和放牧后都要追肥。多年生饲料作物一般第1年长势较弱，第2~3年才进入高产期，应加强苗期管理，及时防除杂草、施肥和灌溉，培育壮苗。匍匐生长或低矮的饲料作物，生长到30~40厘米高时应刈割利用，比较高大的生长到50厘米左右刈割利用。如进行放牧利用，高度以30厘米左右为宜。应尽量鲜用，以减少晒制过程中的营养损失。在给种植饲料作物的果园果树用药时，一定要掌握好用药的种类和用药的时间，尽量使用高效、低毒、有效期短的农药，把用药时间与划区轮牧的周期有机结合起来，防止鹅误食发生中毒现象。

5. 果园饲料作物种植—养鹅的管理

果园饲料作物种植—养鹅的方式分为刈割利用和放牧利用两种方式。

（1）刈割养鹅：饲料作物生长到30～50厘米时刈割，刈割后切成2～3厘米喂鹅，用于舍饲养鹅或圈养养鹅。饲料作物刈割的高度根据品种确定，一般为5厘米。越冬前最后一次刈割留茬应高些，为7～8厘米，这样能保持根部的营养，有利于越冬。在确定最适刈割时间时，必须根据生育期内地上部产量的增长和营养物质的动态变化来决定，不同品种、不同的地域，刈割时间是不同的，要灵活掌握。刈割过早，虽然营养成分和饲用价值有所提高，但产草量低；刈割过迟，虽然产草量有所提高，但纤维成分增加，营养价值和品质降低。

（2）放牧养鹅：放牧养鹅是经济有效的饲养方式，饲料作物生长到30厘米左右进行鹅的放牧利用。由于鹅的采食和践踏，放牧对饲料作物生长发育、繁殖、产量、植物种类和土壤等有影响，适宜的利用率一般情况下为60%～70%，分区轮牧利用率可以提高到80%左右。分区围栏轮牧，应根据草地地形、产量和鹅群的大小等确定分区的数量、面积的大小、轮牧周期的长短等。在饲料作物生长迅速的季节，10天为一个轮牧周期，在生长慢的季节15天或20天为一个轮牧周期。要随着果园郁闭度的增加、产草量减少，减少载鹅量。

放牧鹅群的适宜规模要根据放牧场地的大小、饲料作物生长情况、草质、水源、放牧人员数量、人员技术水平及经验、鹅群体质状况等确定，放牧鹅群以500只左右为宜。如果放牧场地开阔、面积大，有一定的水面，则每群鹅可扩大到600～1 000只，鹅群太大不好管理控制。放牧的鹅群从小加强训练，建立起相应的条件反射，调教鹅的出牧、归牧、下水、休息、采食等行为。同时，选择、培养和调教好“头鹅”，依靠头鹅的作用控制鹅群，达到管理好放牧鹅群的目的。在果园草地能满足鹅群生长发育营养需要的情况下，可以少补或不补精料；在草地牧草营养不能满足鹅群生长发育需要的情况下，可适当增加精料量，补饲要视草情和鹅情而定，以满足鹅的营养需要为前提。

第五节 饲料作物生产与养羊的种养结合模式

羊肉具有独特的营养及保健作用，随着农业生产结构的战略调整，肉用养羊业在各地得到了空前发展。种植饲料作物养羊是加快种植业结构调整与畜牧业结构调整的重要方法，也是实现种养有机结合的重要模式。

一、养羊需要的饲草料种类

羊是草食动物，可利用的饲草料种类较多，大致可以分为四类：

1. 青饲料

这类饲料主要是鲜草，如苜蓿、白三叶、黑麦草、墨西哥玉米等直接收获的植株茎叶。青饲料富含可消化的蛋白质、多种维生素，配入日粮可弥补其他粗饲料和精饲料中维生素的不足。青饲料的消化率和粗纤维含量与收获时期有关，及时收获利用，消化率可达到75%～80%，是碳水化合物的重要来源。成年羊每只每天需青饲料7千克以上。用青饲料喂羊，要避免发生一些不良问题。青饲料茎叶表面水分较多，应晾晒一定时间，待看不见水时饲喂，避免引起拉稀；青饲料收获后要及时饲喂，堆放时间不宜过长，避免引起腐烂并丧失营养价值，羊采食后易引起鼓胀和腹痛症；苜蓿、白三叶等豆科牧草作为青饲料饲喂羊时应适量加入禾本科牧草或秸秆，避免单独饲喂引起鼓胀病；青饲料喂羊要铡短至3～5厘米，与其他饲料拌匀饲喂，以减少浪费。

2. 青干草

青干草是鲜草供应不足时羊的主要食物，与鲜草相比较，其粗纤维多、可消化的营养物质较少、经济价值略低、适口性略差。羊的消化器官适宜消化粗纤维，供应量不足，会破坏其正常的消化机能，过多则会增加其消化器官的负担，成年羊每只每天饲喂青干草的量为1～3千克。干草喂饲方法主要有两种，一种是直接饲喂，另一种是切短饲喂。经过加工后的干草贮藏一段时间后，按照羊的日需量饲喂。一般把干草捆打开后直接投到羊舍或料槽中，由羊自由采食。这种饲喂方法简单，但损失5%～10%。在生产上一般切短饲喂，先利用铡草机把干草切成草段，然后饲喂。禾本科牧草饲喂羊一般切成2～3厘米，豆科牧草1～2厘米。豆科牧草饲喂羊的比例一般不超过日粮的30%，禾本科牧草自由采食。

3. 多汁饲料

多汁饲料如菊苣、苦荬菜以及青贮饲料等，水分含量高、干物质含量少、粗纤维含量低、适口性好、消化率高，对母羊产奶有特殊作用，应适量饲喂。成年母羊每只每天可喂块根2～4千克、块茎1～2千克，羔羊适当少喂。青贮料刚开始饲喂时量要少，经过7～10天后逐渐增加到足量。产奶羊每只每天喂青贮料3千克，公羊和周岁小羊喂1.5千克。

4. 青贮饲料

将饲料作物在适宜时期收获，进行青贮，制作青贮饲料，可以实现均衡供应。青贮饲料饲喂妊娠羊时应注意，在产前、产后20～30天要停止饲喂，同时冬春季节不能饲喂冰冻的青贮饲料，以免引起流产。

5. 适宜养羊的饲料作物品种

适宜养羊的优质高产饲料作物品种有：黑麦草、饲用甜高粱、高丹草、墨西哥玉米等一年生优质品种；苜蓿、黑麦草、白三叶、鸭茅、苇状羊茅等优质多年生品种。

二、“饲料作物种植—放牧养羊”的种养结合模式

种植饲料作物建立放牧草地养羊，不但可以合理运用草地，提升草地的生产力水平，还能节约养羊的成本。放牧羊群在草地上寻找食物，能够满足羊对于食物与营养的需要，同时得到运动与阳光照耀，对羊的生长发育、繁殖、育肥和改善产品质量都有着重要作用。放牧中羊所排泄的粪便能够为草地提供肥料，在很大程度上降度了人工的工作强度，实现了对草地管理费用的有效控制。

1. 放牧草地的建植

种植模式是确保饲草产量提高以及管理工作高效的关键，常用的种植模式主要包括育苗移栽、点播、条播及撒播，要结合实际的饲料作物品种、种植面积以及利用形式确定播种方式。在播前施足基肥，过磷酸钙作底肥拌种，用量为50千克/亩；也可以选择农家肥，根据土地的实际情况来施用农家肥，通常是每亩土地1～2吨。饲料作物生长过程中要追施肥料，一般选择速效性化肥。必须结合土地实际情况，采用中耕施肥模式，以确保饲料作

物产量。

2. 草地的合理利用

① 适度放牧。在进行放牧之前，要观察草地的实际大小以及具体产量，并从羊群的采食情况出发，最终选定放牧羊群的数量以及时间，确保不过牧也不轻牧。② 适时放牧。结合草地饲料作物的实际生长状况和具体利用状况，将放牧的时间优化，确保放牧过程处于优良状态，对草地形成一定保护，也确保羊群生长。③ 分区轮牧。根据羊群大小、强弱、生理阶段及公母等将放牧草地划分为若干小区，按照春洼、夏岗、秋平、冬暖的原则选择放牧区，实行轮牧制；每个分区最好20～30天，保证草地饲料作物生长，也保证放牧羊群生长发育。

3. 放牧羊群的管理

① 放牧和补饲结合。冬春季节，饲料作物一般都会呈现枯萎状态，单纯依靠放牧往往无法达到羊生长发育和实际营养摄入的需求，需要增加一些精料和粗饲料来补充饲养，以有效防止羊群体能过度消耗，影响保镖和生长。② 根据季节变化优化放牧。在秋季尽可能经常放牧，确保羊群对牧草的摄入；冬季尽可能减少放牧次数，只要满足适当的运动量就可以了，注意高质量精细饲料的喂养；春季往往气温较低且变化较快，必要让羊群多摄入饲草料并减少运动；夏季较为炎热，应将放牧时间尽可能选在一天当中早晨与傍晚气温较低的时刻。③ 分群放牧。

放牧时要尽可能做到公羊与母羊分开，强壮羊群与弱势羊群分开，妊娠期羊群单独放牧。④ 放牧环境的控制。下雨时尽可能避免放牧，有露水时要将放牧时间适当延后。要仔细检查草地上有无看不到的坑洞，避免发生羊群掉落坠亡。要经常对草地上的杂物进行清理，避免发生羊群误食的情况。严禁野兽及犬类靠近羊群，避免羊群伤亡以及病菌感染问题的发生。⑤ 疫病综合防控。羊群定期进行药浴能够有效避免发生外寄生虫疾病，每年开展2次。第1次在春天进行，第2次在秋天，所选用的药浴液为浓度0.025%～0.03%的林丹乳油水乳液。需要注意的是，在进行药浴之前应该确保羊群摄入足够的水，避免在进行药浴过程中羊群饮用药液而出现中毒。结合内寄生虫病的流行状况，进行适当的口服给药，避免内寄生虫病的发生，一般选择丙硫咪唑（丙硫苯咪唑）内服和注射阿维菌素（注射量每次为0.05毫升／只），4次／年。使用驱虫药时，要求剂量准确，须先做小群试验，然后全群驱虫。驱虫过程中若发现病羊应对症治疗，及时解毒。定期用10%～20%的石灰乳和20%的漂白粉溶液对羊舍消毒。

三、“饲料作物种植—舍饲养羊”的种养结合模式

在人口密度较大的农区，放牧草地受限，多采用种植

饲料作物收获调制加工后喂羊，结合饲喂一些树枝、树叶、农作物秸秆和农副产物，补喂一些精料的舍饲养羊方式。

1. 舍饲养羊的优点

舍饲养羊便于规模化管理，能提高饲草利用率，提高产肉率，实现肉羊一年四季均衡生长。

2. 舍饲养羊环境要求

羊舍应建在住房和生活用水的下方、贮粪场的上方，种羊舍还应远离交通公路和人口密集的地方，以防疾病传播。

3. 青饲料养羊

① 适度规模。根据人力、财力、土地资源、设施设备条件确定养殖规模和饲料作物种植面积，一般情况下，1亩饲草可供5～6只成年羊全年食用。羊的繁殖速度较慢，年增长速度只有年初母羊数的3倍左右，所以饲料作物种植面积要视种羊基数和发展速度而定，做到既满足供应又不致浪费。② 适当茬口。确定饲料作物茬口布局的原则是提高单位面积饲草产量，保证羊一年四季都能吃到青绿多汁饲料。③ 适时收割。用于鲜饲的豆科饲料作物收割可早些，在初花期至盛花期刈割为宜，每年收割4～5次，禾本科在抽穗期刈割。④ 适量饲喂。成年羊每天需青饲料7千克左右，青饲料饲喂过多容易引起拉稀。

在青饲料充足的情况下，要适当增加精饲料中糠麸的比例，糠麸占精料的总量可达40%，同时可适当饲喂一些干草。

4. 青干草养羊

① 一般选择苜蓿等豆科牧草或者质地柔弱的多年生禾本科牧草，在适宜收获期收获晒制优质干草喂羊。② 羔羊饲喂干草。初生羔羊要及时吃上初乳，随后定时定量喂奶，每日喂奶3～4次，间隔时间大致相同。除喂奶时间外，其余时间应将母羊和羔羊分圈饲养，以免踩踏羔羊造成死亡。出生一周后的羔羊即可用优质青草或干草开始诱食，20日龄后开始补喂少量配合精料，初期每日每只5克，随后逐日增加至100～150克。2～3月龄断奶，断奶期间应以优质饲草为主，辅以精料加强补饲。③ 断奶后的饲喂。断奶后要利用幼龄羊生长发育快，特别是幼龄期间饲料报酬高的特点，补饲适量青干草和精料。一般每日每只成年羊喂鲜青草5～8千克，干草0.5千克，补喂配合精料100～200克。④ 搭建干草架。根据羊喜食人工调制的优质青干草的特点，饲料作物刈割后将其调制成青干草贮备起来，在冬春缺草季节补喂，以保证羊的生长和生产需要，同时避免草料被践踏污染造成浪费。羊只在草架上采食时互不干扰，草料浪费少。

第六节 饲料作物生产与养猪的种养结合模式

猪是杂食动物，我国地方优良猪种对用饲料作物生产的青饲料和草粉均具有较强的利用能力。现蕾期或抽穗期收获的饲料作物中粗纤维含量低、木质素少，可消化养分高，营养价值较高。生产实践表明，猪常年饲喂青饲料和日粮中添加草粉，均能以青补精、以草换料，降低成本，增加母猪产仔数，改善育肥猪肉质，提高养殖效益。

一、饲料作物生产养猪的主导品种

饲料作物可以用来养猪的品种较多。根据利用方式，用于生产草粉养猪的饲料作物品种主要有苜蓿（多年生豆科牧草）、墨西哥玉米（一年生禾本科作物）、黑麦草（多年生禾本科牧草）等；用于生产青绿饲料养猪的饲料作物品种主要是叶菜类，如菊苣、串叶松香草、苦荬菜、籽粒苋和鲁梅克斯等品种。这些饲料作物养分含量高且比较全面，按干物质计算，粗蛋白质含量在12%以上，最高者可达30%，且氨基酸种类齐全，利用率高，可弥补谷物饲料蛋白质、氨基酸种类不全的不足，还含有比较丰富的维生素和无机盐，粗纤维含量较低、易消化、适口性好，单位面积土地产量高，生产成本低，来源广泛。

二、“饲料作物种植—青绿饲料养猪”的种养结合模式

1. 饲料作物品种选择

种植饲料作物生产青绿饲料养猪，要选择高产多汁的饲料作物，如籽粒苋、聚合草、菊苣、苦荬菜和鲁梅克斯等多汁饲料作物。

2. 青绿饲料喂猪

我国地方猪种，耐粗饲能力强，可以直接采食青绿饲料。用青绿饲料喂猪，一般在春夏季节进行。① 用青绿饲料喂猪，可以将收获的饲料作物打浆或切短制作青贮饲料，与精饲料搭配饲喂，也可以收获后直接饲喂，但打浆搭配饲喂效果好。② 青绿饲料在日粮中的添加数量可以根据猪的品种、生长阶段和生理状况来确定。在育肥猪日粮中添加比例为15%～30%，每10头猪配套种植1亩饲料作物。饲喂空怀母猪可在两次喂料中间投喂青绿饲料，任其采食。配种后30天内的妊娠母猪对饲粮营养浓度要求不高，且高纤维饲粮有利于提高产仔数，每头每天喂青绿饲料4～5千克；妊娠第30～84天的母猪应适当控制青绿饲料的比例，一般不超过3∶1；妊娠第84～114天的母猪、泌乳母猪、种公猪和小猪阶段的猪只，不喂或少喂青绿饲料。

三、“饲料作物种植—草粉养猪”的种养结合模式

1. 饲料作物品种选择

种植饲料作物生产草粉养猪，一般选择苜蓿、白三叶等豆科饲料作物，在饲料作物生长旺季收获调制成干草，干草粉碎后以草粉形式添加到猪日粮中，添加比例为日粮的8%~15%，每20头猪配套种植1亩豆科饲料作物。

2. 草粉养猪方法

草粉养猪一般是在猪的配合饲料中添加适宜比例的草粉。

育肥猪对饲料中的粗纤维有一定的消化能力，而且随着消化道机能的完善逐渐加强。饲料中添加适宜水平的苜蓿草粉，可以在一定程度上提高饲料纤维水平，对育肥猪的生长性能和肉质改善都很有好处。育肥猪饲料中添加10%的草粉能显著提高养分消化率、日增重和饲料转化率；在大猪饲料中添加15%草粉饲养效果好，能显著提高饲料养分的消化率、日增重和饲料转化率。

妊娠母猪饲料中添加15%~20%的草粉，母猪繁殖性能提高，母猪泌乳期饲料的日采食量和初乳中的脂肪含量提高，降低了母猪泌乳期背膘的下降幅度，提高了初生仔猪数、初生活仔猪和断奶仔猪数，提高了窝重和窝平均日增重。

哺乳母猪饲料中添加10%的草粉，提高了母猪泌乳期的采食量，缩短了母猪断奶至发情的时间间隔；提高了断奶仔猪和哺乳期仔猪的成活率、仔猪断奶窝重、窝增重、断奶平均个体重和平均个体日增重。

第七节　饲料作物生产与养牛的种养结合模式

牛是草食动物，无论是肉牛还是奶牛，都可以以饲草料为主要日粮。饲料作物生产与养牛结合，均能以草代料、以粗补精，降低成本，提高养殖效益。

一、“饲料作物生产—肉牛养殖”的种养结合模式

1. 饲料作物生产模式与品种选择

饲料作物主导品种，主要根据肉牛的采食特点、生产方式和种植模式确定。专用饲草料地可种植黑麦草、紫花苜蓿、三叶草等多年生饲料作物；与农作物轮作、间作或套种生产时，主要选择一年生品种，如饲用黑麦、冬牧70黑麦、墨西哥玉米、高丹草、苏丹草、饲用甜高粱等高产优质饲料作物。

2. 肉牛品种的选择

根据肉牛生产目标确定肉牛养殖品种，如果要养殖具有生长速度快、饲料报酬高、易于饲养管理等优点的肉牛，一般选择西门塔尔、利木赞、夏洛莱、皮埃蒙特等外来引进牛种与地方肉牛品种的二代杂交或三代杂交品种。如果养殖能生产出雪花状牛肉的肉牛，一般选择以黑安格斯、日本和牛为终端父本的三元杂交牛。

3. 饲料作物种植

专用饲草料生产地块要有抗旱排涝设施，做到旱能浇、涝能排，保证饲料作物高产。粮食作物与饲料作物轮作的地块，一般在前茬农作物收获后播种饲料作物，在下茬农作物播种前收完饲料作物。饲料作物可以单播，也可混播，播种方式有撒播、条播、穴播，按照单播、混播选择不同的用种量。饲料作物一般5～10天出苗，半个月苗基本出齐，如果不齐应及时补苗。幼苗或刈割后，应视杂草侵害情况进行中耕除草。播种时，要施足底肥，苗期也可施少量化肥，每刈割一次，要追肥一次。干旱时节应适当灌溉，低洼易涝地区或雨水多的季节要注意排水。多次刈割的饲料作物，在植株长到40厘米以上时，根据品种特性适时刈割。一次性收割的饲料作物一般在盛花期或抽穗期刈割，适时刈割可获得高产优质的饲草料。

4. 肉牛育肥

肉牛育肥饲喂要根据生长育肥阶段和体重大小，选择合适的精粗饲料比和营养水平。育肥前期即育肥开始前30天内，精粗饲料比一般以3∶7为宜，精料粗蛋白质含量为12%；育肥中期即育肥的中间70天，精粗饲料比以6∶4为宜，精料粗蛋白质含量为11%；育肥后期即育肥最后10～20天，精粗饲料比以7∶3为宜，精料粗蛋白质含量为10%。一般在最后10天，精料日采食量应达到4～5千克/头，粗饲料让牛自由采食。

饲料作物可制作青贮饲料，在肉牛育肥中要合理利用。青贮饲料是育肥牛的优质饲料，饲喂青贮料，可以降低精饲料的使用量，且在较低精料水平下，能获得肉牛较高的日增重。在制作青贮饲料时添加2%的尿素，能获得很好的育肥效果。

5. 饲料作物生产与肉牛养殖的产业化经营模式

饲料作物生产与肉牛养殖结合是重要的肉牛生态饲养模式，但要获得好的养殖效果，需要种养技术支撑、资金投入支持，以保证肉牛养殖的规模化和专业化。为促进饲料作物生产与肉牛养殖结合，实现肉牛养殖的产业化，可以以村为单位组织饲料作物种植，生产优质饲草料，开展肉牛养殖；也可以推进"合作社或协会＋农户饲养肉牛"的模式，每户饲养肉牛或母牛4～5头，通过合作社或协会集中统筹，解决饲养资金不足和技术跟不上的问题，也解决了肉牛养殖后销售不畅的问题。在生产上实行"五个统一"，即统一购买和销售牛，统一组织饲料作物生产，统一防疫，统一修建标准牛舍，统一传授养牛技术和饲草料利用技术。

二、“饲料作物生产—奶牛养殖”的种养结合模式

青绿饲料是奶牛饲养中重要的饲料和日粮组成部分，在奶牛饲养中不可或缺，青绿饲料含有奶牛所需的丰富而完全的营养物质。适期刈割的青绿饲料，不仅粗纤维含量低，而且粗纤维的消化率高，如欧洲菊苣在盛花期粗纤维含量为14.5%，其消化率高达61%。青绿饲料柔嫩多汁，适口性好，能增加奶牛的食欲，不仅容易消化，而且有助消化，奶牛特别喜食。饲喂青绿饲料可以提高产奶量，奶牛饲喂青绿饲料与单纯饲喂干草相比，牛奶产量提高20%~30%。饲喂青绿饲料可以促进奶牛健康生长，青绿饲料除含有丰富的营养物质，可以防止营养缺乏病的发生外，还可以促进奶牛代谢，防止代谢性疾病的发生，从而保持奶牛健康。饲喂青绿饲料不仅可以提高奶牛的产奶量，而且可以改进奶的风味，提高乳蛋白的含量。饲喂青绿饲料可以缓解奶牛的热应激，奶牛一般比较耐寒，但不耐热，饲喂青绿饲料可以使奶牛产奶高峰维持更长时间。

1. 饲料作物品种选择

奶牛饲养可选择的饲料作物品种主要有多年生饲料

作物，如欧洲菊苣、苜蓿、黑麦草等，这些多年生饲料作物的优点是一次种植可利用多年，减少了每年栽培种植的麻烦和每次种植的人力物力投入，但存在种植当年产量不高、当年提供的青绿饲料数量少等问题；一年生饲料作物，如墨西哥玉米、高丹草、法国苦菜、饲用甜菜和饲用胡萝卜等，这些一年生饲料作物的优点是当年种植当年就可获得较高的鲜草产量，而且种植方式可以多样化，同时更容易实现与其他作物搭配种植，提高土地的复种指数和利用率，不足之处是需年年种植。青饲玉米、青贮玉米以及饲用红薯等粮饲兼用作物也可以为奶牛提供青绿饲料，可以根据情况选择种植。

2. 饲料作物生产模式

在有奶牛专用饲料地的地方，可以种植多年生饲料作物为奶牛提供青绿饲料，也可以采取一年生饲料作物轮作的方式为奶牛提供青绿饲料，春季可种植墨西哥玉米、高丹草、法国苦菜、饲用甜菜和饲用胡萝卜等，青绿饲料可一直供应到秋末，秋末结束后再种植越年生冬牧70黑麦、饲用黑麦等，早春为奶牛提供青绿饲料。

在种植粮食作物或经济作物的地方，为保证奶牛青绿饲料的供应，可以采取饲料作物与粮食作物或经济作物轮作的方式，如待玉米秋收后种植冬牧70黑麦、饲用黑麦等牧草；也可以在秋播小麦等粮食作物地块上，于春末夏初种植墨西哥玉米、高丹草、法国苦菜等进行轮作。

在种植粮食作物或经济作物的地块上，除轮作外，可以开展饲料作物与粮食作物或经济作物间作，如在玉米地里可以间作法国苦菜、饲用甜菜和饲用胡萝卜等，在小麦田里间作高丹草、墨西哥玉米等。

在树木林地间可以间作或套种多年生牧草，如欧洲菊苣、多年生黑麦草、白三叶等，在树冠较小、遮阴不大的树间可以种植苜蓿、墨西哥玉米、法国苦菜等饲料作物。

3. 饲料作物生产与利用

饲料作物生产要根据奶牛养殖规模、结构以及利用方式等来统筹规划。平均计算，每头成年奶牛每天的青绿饲料需要量为50～60千克，全年共需20吨，相当于种植1.5亩墨西哥玉米或法国苦菜的全年产草量、第二年欧洲菊苣一亩地全年的产量，可以参照这一需要来制订奶牛青绿饲料种植和供应计划。在制订计划时，还要考虑可利用的青贮饲料数量、粗饲料的数量等因素，保证充足供应但又不过多浪费，以提高种植的产出和效益。

第六章

“粮改饲”的利用模式与技术

饲料作物生产的目的是为畜禽提供优质的饲草料，畜禽利用饲料作物，一方面可以获得营养完成生产，另一方面可以使饲料作物实现过腹转化，增值增效，饲料作物有多种多样的利用模式和技术。

第一节　制作青贮饲料的利用模式与技术

饲料作物生长到一定时期后，以青绿株体为原料，在密闭的青贮设施（青贮窖、青贮壕、青贮塔或青贮袋等）中，经过以乳酸菌为主的微生物发酵后，调制成可长期利用的产品的加工贮藏过程，就是制作青贮饲料的过程。

一、制作青贮饲料的优势

用饲料作物制作青贮饲料可以调节青绿多汁饲草平

衡供应，在生长旺季饲草富余时，将其调制为青贮饲料，把营养成分保存下来，在冬季、初春无法供给新鲜饲草时饲喂家畜，补充青绿多汁饲草的不足。青贮可以保持新鲜饲料作物的营养价值，青贮几乎不受日晒、雨淋等天气条件的影响，氧化分解程度低，维生素、可溶性糖类等高营养价值的养分损失小，并减少了机械作业造成的落叶损失。青贮可以提高饲草料的适口性和利用率，饲草经发酵后营养多汁，质地柔软，具有浓郁的酸香气味。青贮可以节省饲草料加工调制的成本，扩大饲草资源，解决饲草料长期安全贮存的问题。

二、制作青贮饲料的要求与准备

青贮工作开始前，先要检查青贮窖或青贮池有无破损、裂缝，要清理窖底垃圾、污物或积水，检修铡草机，准备好运输车辆，并组织劳力，以便在尽可能短的时间内突击完成。

1. 对青贮窖（池）的要求

应选择土质坚实、地下水位低、周围环境符合卫生要求、取用方便的地方修建，窖（池）内壁要修得垂直光滑，以使原料下沉压紧。永久性窖（池）的砖石缝隙要用水泥抹严，防止透气；临时窖（池）可在窖（池）的内壁铺上塑料薄膜。为防止雨水、雪水渗流到窖（池）内，应在距窖（池）1米远的地方挖排水沟。

2. 选好青贮原料

对原料的要求，一是要有较高的含糖量，一般来说，原料中的含糖量不低于鲜重的1.0%～1.5%；二是要有适当的含水量，原料中水分含量以65%～75%为宜。用手捏切碎的原料，手指缝中有水出现为适中。因此，必须要掌握青贮原料的适宜收割期，如青贮玉米全株以乳熟期为好。

3. 将收获的饲料作物切碎或铡短

青贮原料切碎便于压实排除空气，原料中的汁液也能流出，有利于乳酸菌摄取糖分，一般切碎长度为2～3厘米。

4. 装窖和镇压

原料要逐层平摊装填，随装随踩，务求踏实，要达到弹力消失的程度，以排除空气，为乳酸菌创造厌气环境，这是制作成功的关键，整个装窖过程要求尽可能迅速和不间断。青贮饲料的密度因制作时期不同而有差异，一般每立方米青贮玉米料的重量为400～500千克。

5. 封盖

窖装满时，四周边缘的原料与窖口相平，中间高出30～40厘米，呈弓形，在原料上面覆盖塑料薄膜，薄膜上面压10～15厘米厚的土层。封窖后头几天内原料下沉，封顶土会出现裂缝，要及时加土封严，防止透气漏水。

6. 启用

封口40天后便可启封喂畜，启封从窖池的一端开始，边用边揭开。一旦启封，应连续使用直到用完，切忌取取停停，以防取口截面霉变。每次应取足畜群1天的用量，青贮料取出后不宜放置过久，以防变质。

三、青贮饲料生产的新模式

青贮饲料加工工艺过程一般包括收获—装填—密封—贮存—取用。

1. 青贮饲料收获

主要有分段收获法和联合收获法。

（1）分段收获法：也称二次收获法，是将饲料作物用人工或收割机收割后，运回青贮场所，用铡草机（青贮切碎机）切碎再装入贮存容器中。这种方法的技术要求为：适时收割饲料作物，用铡草机切短切碎，便于装填紧实、取用方便，牛、羊青贮饲料原料的长度以2~3厘米为宜；饲喂猪、禽的青贮料切得越短越好或者直接打浆；尽量缩短铡碎和装窖时间，减少氧化产热程度，做到随铡随装，每次铡碎和装窖最好不超过半天；青贮原料的含水量要适中，以保证乳酸菌正常活动，一般含水量以65%~75%为宜。

分段收获法的生产率低，收获、贮存所需的时间长，但所需的机械设备简单，铡草机是主要设备，按机型大小可分为小型、中型和大型三种。小型铡草机铡草一般在1吨/小时以下，大型铡草机一般铡草4~8吨/小时，中型铡草机介于两者之间。

(2)联合收获法：也称直接收获法，是用收获机械将整株饲料作物收割同时切碎，抛入后面的自卸拖车内，再运回场内装入贮藏容器中。这种方式环节少、效率高，整个过程可以达到全程机械化，青贮饲料的质量也有明显提高，但所用设备结构复杂，造价较高。

2. 青贮饲料生产新工艺与新技术

(1)大型袋式灌装青贮技术：这是国外近几年新发展起来的一种青贮方式，其主要设备是青贮灌装机和用新型复合材料制成的青贮袋。工作时，青贮灌装机通过一个螺旋式的喂料装置将切碎的青贮料向青贮袋中边填装、边压实、边后退。这样可连续不断地将一个直径2~3米、长度连续可变的青贮袋装满，然后密封起来。一个直径2.4米、长33米的青贮袋可填装100吨青贮饲料。此方法节省了青贮塔、窖等固定设施费用，不破坏土地，生产灵活、损失率低于1%，窖贮为10%~20%。

(2)小型打捆裹包青贮技术：打捆机通过旋转将切碎的青贮原料一层层挤压成一个直径0.55米、长0.52米的圆捆，然后用专用丝网包住圆柱面后从机器中吐出来，最后由两个操作人员将其放到裹包机上，用拉伸膜进行裹包密封，这样一个青贮包重量为65千克左右。小捆裹包青贮的优点是青贮品质高、养分损失少，小包装，存放灵活、取用方便，受气候影响小。更重要的是袋装青贮便于运输，并能做到规格统一，十分适合商品化生产。

四、提高青贮饲料营养品质的技术

根据青贮饲料生产的原理，生产优质青贮饲料可以采取以下技术措施：

（1）创造厌氧环境：乳酸菌属厌氧菌，最适宜在缺氧和无氧环境中繁殖。如果青贮原料中含有较多空气，则为好气性微生物创造了条件，形成青贮不良发酵。因此，青贮原料要尽可能切成2～3厘米的短节，越短越好；填装原料时要最大限度地压紧压实，越实越好；封闭时要尽可能排除上层空气，越严实越好，以尽量减少料间残留的空气，创造厌氧环境。

（2）保持适当水分：青贮饲料的含水量必须严格控制在65%～70%之间，原料过于干燥，装料时难以压紧，料间空气多；水分过多，则青贮过程中养分损失较多，且会导致酪酸菌大量繁殖而影响青贮料的品质。含水量较多的原料，可通过适当晾晒（阴干最佳）、添加糠麸等办法降低水分；反之，水分含量过低的饲料可适当洒些水或添加含水量较高的其他品种进行调节。

（3）保持适当糖分：要让青贮饲料处于最佳发酵状态，

必须保证不低于2%的含糖量。相比之下，原料含糖量多所生产的青贮饲料品质更好，可单独青贮，如禾本科饲料作物、农作物秸秆、红薯藤等。而豆科牧草、瓜藤、萍类等饲料则含糖量低，不宜单独青贮，青贮时每100千克可添加糠麸5千克，也可与含糖量较高的禾本科牧草等进行混贮，混贮比例4∶6或5∶5为宜，可制成优质青贮饲料。

（4）掌握适宜温度：乳酸菌繁殖的适宜温度为20～30℃，在青贮过程中温度过高，乳酸菌会停止繁殖，导致青贮料糖分损失、维生素被破坏。青贮中要严防温度过高，其措施主要有：一是缩短青贮原料装填过程，1～2天内必须装好密封；二是饲料装填时要压紧密封，防止空气进入；三是青贮窖（池）必须远离热源，防止阳光直晒。同样，青贮温度过低，乳酸菌繁理减慢，青贮成熟时间延长，青贮品质下降。

（5）控制发酵过程：科学控制青贮料的发酵过程，可缩短青贮时间，提高青贮品质。一般来讲，青贮饲料发酵主要经历三个阶段，一为预备发酵期，其时间应控制在装窖后2天内完成。饲料装填完后，由于植物细胞仍在呼吸，料间残留的少量氧气会逐步耗尽，从而形成厌氧环境，此时会产生大量二氧化碳、氢和有机酸。当有机酸达到1%左右时，pH下降到5以下，多数微生物受到抑制，只有乳酸菌大量繁殖。二为酸化成熟期，应控制在15天内。此阶段乳酸菌进一步繁殖积累，pH继续下降到4以下，其他微生物全部受抑制或死亡，饲料全面发酵酸化。三为完熟保存期。随着乳酸菌继续增殖，乳酸含量大量增加，pH继续下降到3.8以下后，乳酸菌本身也被抑制直到死亡。这时青贮料中已不再有任何微生物，青贮过程全部结束。只要青贮容器中厌氧和酸性环境不改变，青贮原料就会长期保存下去，可根据需要取用。

五、添加剂青贮饲料生产模式与技术

为提高青贮饲料的质量，可以通过加入添加剂的方法来干预和控制微生物菌群，控制青贮发酵，进而获得优质的青贮饲料。青贮饲料添加剂可以让好的青贮饲料更好，优化营养价值、损失最小化。青贮饲料添加剂可以发挥两方面的作用，一是加快氧气、pH降低的速度，二是提高青贮的稳定性。青贮添加剂分为发酵酸和防腐剂两类，常用的添加剂有酸类、有益菌添加剂、酶制剂以及营养添加剂。

(1)细菌接种剂：细菌接种剂是青贮合理管理的最重要部分，它能够为青贮提供最佳水平的高效乳酸，可以控制和引导青贮的发酵方向，改善发酵效果。一般细菌接种剂是活的非产气性乳酸菌，包括乳酸杆菌、肠球菌以及乳酸片球菌，它们可以把5碳糖、6碳糖发酵为乳糖，达到最有效的发酵目的。乳酸是一种非常强的有机酸，它可以使青贮pH快速降低，而低pH能够抑制有害菌和霉菌生长。好的青贮接种剂能有效降低 pH，改善青贮的质量，操作安全、简单。细菌性接种剂也可以抑制酵母与霉菌的繁殖，通过异型发酵产生很多种能够抑菌的底物，以此来提高青贮的有氧稳定性。丙酸菌能够降解青贮料中的可溶性碳水化合物和乳酸，最后分解成乙酸、1，2- 丙二醇和乙醇，而这些短链脂肪酸比其他酸更能有效抑制真菌的活性；通过破坏病原菌，抑制霉菌和酵母生长，改善饲料的品质以及食品的安全性；能改善适口性，提高动物的采食量和饲料利用率；改善动物的生产性能，提高瘤胃消化率；增加干物质的采食量，增加产奶量和增重。但要注意的是，丙酸菌需要适宜的生存条件，适宜的湿度和温度，不能有氧气，必须在所有菌群中占据优势地位才能保证有效性。

（2）酶制剂：酶制剂是酵母发酵的副产品，主要作用是降解糖，提供微生物发酵所需的底物。市场上的大部分酶制剂含有多种混合成分，如纤维素酶、淀粉酶、糖化酶和蛋白酶。酶制剂存在的问题是酶活性缺乏保证，很难纯化，里面经常含有蛋白酶，而蛋白酶不一定是好的。另外，商业上酶制剂的实际用量与研究用量可能相差很远，若以标准研究用量使用，价格太过昂贵。

（3）营养性添加剂：糖蜜可以为微生物提供可发酵的碳水化合物，因为糖蜜里含有水，所以增加糖蜜的同时会增加水分，乃至增加梭菌活性，通常适用于较湿的饲草。但过多的碳水化合物可能被酵母或霉菌利用，使真菌生长，同时产热，缩短贮存时间，增加干物质损失。但糖蜜可以改善适口性，有时可以掩盖其他方面的一些不足。营养性添加剂还包括植物、谷物和一些副产品，主要作用是吸收水分，减小梭菌发酵的机会，提供可溶性碳水化合物，以促进发酵。如果用谷物，必须是细粉，常用的有橘子渣、玉米粉、甜菜铂等。另一大类营养性添加剂是非蛋白氮，非蛋白氮可以增加青贮的有氧稳定性，适用于青贮玉米、高粱等禾谷类作物青贮。添加后可增加青饲料的粗蛋白质含量，抑制好氧微生物的生长，对反刍家畜的食欲和消化机能无不良影响。青贮时尿素用量一般为青贮料重量的0.3%～0.5%，添加后可抑制取料时霉菌与酵母生长，同时也抑制有益菌。使用氢氧化铵，可能会使pH增加到9，pH升高会使水溶性碳水化合物被耗尽，导致干物质损失增加，同时增加可溶性蛋白的饲喂。如果使用尿素，则以1∶3的比例溶解后用于青贮贮存，问题较少。在制作日粮的时候，要考虑有多少可溶性氮，然后决定是否添加，这取决于日粮的组成和平衡，使用非蛋白氮或尿素。

（4）防腐剂：在有氧条件下，酵母会利用可代谢的水溶性碳水化合物与一些有机酸反应，生成水、二氧化碳和热量。当一些有机酸被消耗掉，pH就会升高，有害菌群就会增长，最终导致青贮发霉。而发酵所产生的热量使青贮温度升高，干物质能量随之损失。这个过程即是有氧腐败。防腐剂的主要作用是抑制酵母和霉菌发酵，而不是酸的发酵，常用的有甲醛、有机酸和盐类等。

（5）酸类添加剂：酸类可以使青贮原料快速酸化，降低蛋白水解酶的活性，从而维持蛋白的质量，同时提高青贮有氧条件的稳定性，一般使用的有机酸包括甲酸、乙酸、丙酸和一些缓冲性丙酸。使用酸时要注意，第一它的腐蚀性很强，一定要小心管理，以防损坏设备；第二是成本较高，推荐用量是4.5～9.0千克/吨，而一般实际用量为0.5～1.0千克/吨，最终pH可能会高于推荐值，从而促进梭状芽孢杆菌生长，导致干物质损失增加。

（6）盐类添加剂：最常用的就是食盐、苯甲酸钠以及山梨酸钠。盐具有极强的抗菌特性，是非常有效的抑菌剂。对于含水量低、质地粗硬、细胞液难以渗出的青饲料，加入食盐可促进细胞液渗出，有利于乳酸菌发酵，食盐添加量为青贮饲料重量的0.3%～0.5%。

六、复合青贮饲料生产模式

复合青贮饲料生产就是利用廉价饲料，与青贮原料配合制成复合青贮饲料，这种青贮饲料具有营养好、饲料利用率高的特点。

根据饲料作物种类，分别进行青贮原料搭配，生产优质青贮饲料。

1. 禾本科饲料作物复合青贮原料的搭配

收获的禾本科饲料作物如墨西哥玉米、苏丹草等含水量较高，达到80%～85%时，可将切短的饲料作物与玉米面、麸皮等能量谷食类按照65∶35的比例混合均匀，装入容器进行青贮。

2. 叶菜类饲料作物复合青贮原料的搭配

多汁的青绿饲料如饲用甜菜、菊苣、籽粒苋、串叶松香草等收获时，如水分含量达90%，可收获后铡短至2～3厘米或打浆，再按照玉米面等谷类、草粉和铡短的饲料作物20∶20∶60的比例混合均匀，装入容器进行青贮。

3. 复合青贮原料的混合方法

饲料作物与谷食类进行混合，可以将原料放在清洁地面上人工混合，也可以用饲料混合机进行机械混合。复合青贮原料适宜的含水量为50%～60%。

复合青贮的容器可选用地下青贮窖、半地下青贮窖、塑料袋、小型饲料库等。复合青贮饲料要与其他饲料混合喂，由少到多，逐日增加。制作发酵完成的复合青贮饲料可喂牛、羊和繁殖母猪等家畜。

七、青贮饲料的取用模式

青贮饲料密封发酵30～50天后便能完成发酵过程，糖分含量较高的饲料作物发酵快一些，30天后即发酵成熟。添加尿素及其他添加剂的青贮饲料，时间应适当延长，以确保添加剂渗透均匀。如果饲料贮备充足，可待冬春季节饲喂家畜，调制好的青贮饲料可以保存多年。质量中等和下等的青贮饲料，最好在气温低于20℃时饲喂。因为高温季节，青贮饲料容易二次发酵或干硬变质，造成损失；而在特别寒冷的季节，青贮饲料又容易结冰。无论哪种形状的青贮设施，开封前应在开口端清除密封时的盖土和镇压物等，并及时运走，以免翻盖取料时污染青贮饲料；然后将覆盖的薄膜以及腐烂的草层掀去，直至露出好的青贮饲料。

直径较小的圆形窖，应由上到下逐层取用，保持表面平整。对于长方形青贮设施，自一端开始分段取用，先铲去约1米长的覆土，揭开塑料薄膜，由上到下逐层取用，直至窖底，每次取料的厚度不少于9厘米，不要挖窝掏取。应把覆盖的膜悬垂于切割面，减少二次发酵的损失。高寒地区在冬季还应外加保温帘，以免冻结。

青贮饲料是在厌氧条件下，利用发酵作用保存起来的青绿多汁饲料，只有在厌氧条件下才能保持良好品质。如果堆放在畜舍里和空气接触，就会很快感染霉菌和杂菌，使青贮饲料迅速变质。尤其是夏季，正是各种细菌繁殖最旺盛的时候，青贮饲料最易霉坏。因此，青贮池、窖开封取用，每次取完后应用塑料薄膜覆盖露出的青贮饲料，以防雨雪落入，并尽量减少与空气的接触面，防止氧化腐败。每次用多少取多少，不能一次取大量青贮饲料堆放在畜舍慢慢饲喂，要用新鲜的青贮饲料。如果天气炎热或保存不当，表层的青贮饲料变质或发霉，应及时取出抛弃，不要用来饲喂家畜，以免引发疾病。青贮饲料开始取用后，如果中途停喂或间隔时间过长，必须按原来密封的方法将青贮设施封严，不透气、不漏水。

八、青贮饲料的利用模式

饲喂青贮饲料，要经常注意饲槽的清洁，喂剩的青贮饲料要立即从饲槽中清除。在冬季饲喂青贮饲料时，要随取随喂，防止青贮饲料结冰。饲喂时应注意发霉变质的青贮饲料有害于畜禽健康，易造成流产，不能饲喂。冰冻的青贮饲料也易引起母牛流产，应待冰融化后再喂。由于青贮饲料含有大量有机酸，具有轻泻作用，因此母畜妊娠后期不宜多喂，产前15天应停喂。另外，用青贮饲料喂奶牛，要在挤奶后进行，不可在挤奶间存放青贮饲料，以免影响牛奶的气味。

九、青贮饲料的质量评价

青贮饲料在饲喂前或在饲喂中都要进行质量评估和品质鉴定，质量评价步骤和方法如下：

1. 采样

① 青贮塔（窖）中青贮饲料样品的采取：先取走覆盖物如覆土、碎草等，清理上层发霉的青贮料，然后从不同

层取样，沿着青贮饲料的整个表面呈均匀的层状取样，冬天取下一层的深度不得小于5厘米，温暖季节取下一层的深度不得小于8厘米。② 采样部位：以窖、塔中物料表面中心为圆心，30～50厘米为半径，画平行的圆圈，然后在互相垂直的两直径与圆周相交的四个点及圆心上采样。也就是说，每一层一共是5个采样点。用锐利刀具切取约20厘米见方的青贮饲料样块，切忌随意取样；采样后应马上覆盖好，以免空气进入，造成腐败。冬季为了防止青贮料结块，应用草帘等轻便保暖物覆盖。

2. 评价方法

青贮饲料质量评价方法常用的有感观鉴定法和实验室评价法。

(1)感观鉴定法：用人的感官来进行质量鉴定，简单地说，就是看一看、嗅一嗅、摸一摸，主要是鉴定青贮饲料的颜色、气味和质地三项指标。

① 颜色：主要分为品质良好、中等和低劣三个等级。品质良好的青贮饲料呈青绿色或黄绿色，或接近青贮前原料的颜色；品质中等的青贮饲料呈黄褐色或暗绿色；品质低劣的青贮饲料多为暗色、褐色、墨绿色或黑色，与青贮原料本来的颜色有很大的差异，这种青贮料已经变质，不宜饲用。

② 气味：气味评级也主要分为良好、中等和低劣三个等级。品质良好的青贮饲料具有酸香味，略有酒曲味，

给人以舒适的感觉，可饲喂各种家畜；品质中等的青贮饲料香味极淡或没有，具有强烈的醋酸味，可饲喂除妊娠家畜和幼畜以外的各种家畜；品质低劣的青贮饲料具有霉味，腐败发霉后具有一种特殊臭味，不宜饲喂家畜。

③ 质地：质地评级分为良好、中等和低劣三个等级。品质良好的青贮饲料压得非常紧密，但拿在手中又很松散，质地柔软而湿润，能够清楚地看到茎叶上的叶脉和绒毛；品质中等的青贮饲料压得比较紧密，在手中能攥成团，松开手后草团很松散，质地比较柔弱且潮湿；品质低劣的青贮饲料用手抓黏成一团，质地呈泥状或者松散而干燥，粗硬，发酵不良。

(2)实验室评价法：

① 酸度测定评价。取400毫升的烧杯，加半杯青贮饲料，加入蒸馏水浸没青贮饲料，不断用玻璃棒搅拌。经15~20分钟后，用滤纸过滤，将2毫升滤液注入试管中，加入2滴指示剂，根据指示剂在pH 3.8~6.0的范围内表现出不同的颜色进行三级评分。品质良好，指示剂颜色呈红色到紫红色，pH3.8~4.4；品质中等，指示剂颜色呈紫色到蓝紫色，pH4.6~5.2；品质低劣，指示剂颜色呈蓝绿到绿色，pH5.4~6.0。

② 腐败鉴定评价。如果青贮饲料腐败，其中含氮物质会被分解形成游离氨，检查有氨的存在即可知青贮饲料腐败。鉴定方法：在粗试管中加入2毫升盐酸、酒精和

乙醚混合液，取中部有一铁丝的软木塞，铁丝的尖端弯成钩状；钩一块青贮饲料伸入试管中，距离试管液面2厘米，然后塞紧软木塞。如饲料中有氨存在，则与混合液中的挥发性物质反应生成氯化氨，因而钩上的青贮饲料四周出现白雾。

③ 污染鉴定评价。污染常常是青贮饲料变坏的原因之一，地下式青贮设备常常因为内壁未抹水泥、灰浆而渗入由其他地方来的污水，或利用家畜压紧青贮饲料时，家畜粪将便排入青贮饲料内，可根据氨、氯化物及硫酸盐的存在来判定青贮饲料的污染程度。氯化物与硫酸盐的检验方法：称取青贮饲料25克，剪碎装入250毫升的容量瓶中，加入一定体积的蒸馏水，仔细搅拌，再加入蒸馏水至标线，在20～25℃的温度下放置1小时，在放置过程中经常搅拌振荡，然后过滤备用。氯化物的测定：取上述过滤液5毫升，加5滴浓硝酸酸化，然后加3%的硝酸银溶液10滴，如果出现白色凝乳状沉淀，就证明有氯化物存在，说明青贮料已被氯化物污染。硫酸盐的测定：取滤液5毫升，加5滴1∶3的盐酸溶液进行酸化，再加入10%的氯化钡溶液10滴，如果出现白色混浊，就证明青贮料已被硫酸盐污染。

④ 纤维组分含量评价。青贮饲料中的纤维包括半纤维素、纤维素、木质素，其中半纤维素可部分被反刍动物消化利用，纤维素较难被消化利用，而木质素不能被消化

利用。一般用美国著名科学家VanSoest提出的洗涤纤维测定方法测定，即通过中性洗涤剂和酸性洗涤剂将纤维组分分为中性洗涤纤维（NDF）（含有半纤维素、纤维素、木质素以及少量硅酸盐）、酸性洗涤纤维（ADF）（含有纤维素、木质素以及少量硅酸盐）、木质素（ADL）和少量硅酸盐，可以分为品质良好、较好和一般三个等级。品质良好的青贮饲料中性洗涤纤维含量应为36%～45%（DM基础），酸性洗涤纤维含量为18%～26%（DM基础）；品质较好的青贮饲料中性洗涤纤维含量45%～50%，酸性洗涤纤维含量26%～30%；品质一般的青贮饲料中性洗涤纤维含量50%以上，酸性洗涤纤维含量30%以上。

⑤ 淀粉含量评价。淀粉在瘤胃中被微生物发酵产生挥发性脂肪酸（VFA），并为微生物提供能量，而吸收后的VFA进入中间代谢，未被瘤胃发酵的淀粉则进入小肠被消化为葡萄糖吸收，肠道后部的淀粉会被肠道微生物发酵产生少量VFA，淀粉复杂的消化代谢过程能明显影响生产性能。青贮饲料中淀粉含量的测定主要用酸水解法、酶水解法、还原糖法、比色法和旋光法等，品质良好的青贮饲料淀粉含量30%左右。

⑥ 粗蛋白含量评价。粗蛋白含量是青贮饲料的重要指标，粗蛋白含量越高，青贮饲料质量越好。青贮饲料中的蛋白质和氨态氮经过浓硫酸的作用转变成氨气，并被浓硫酸吸收变为硫酸铵，在浓碱的作用下进行蒸馏，释放

出氨气；氨气与硼酸结合成硼酸铵，经过盐酸滴定，便可计算出青贮饲料中粗蛋白的含量。

⑦ 有机酸含量评价。青贮饲料中的有机酸主要指乳酸、乙酸、丙酸和丁酸，可采用液相色谱法测定。青贮饲料中乳酸所占比例应超过总挥发性脂肪酸（TVFA）的60%，含有少量乙酸（小于 TVFA 的20%）和丙酸（小于 TVFA 的10%），过量的乙酸、丙酸、丁酸和乙醇说明发酵品质较差，乙酸和乙醇含量较高表明酵母菌活跃。丁酸含量应小于 TVFA 的1%，丁酸是腐败菌（如梭菌）分解蛋白质、葡萄糖和乳酸而生成的物质；梭菌分解活动时，还能产生有毒的胺类和氨基化合物，使青贮饲料具有恶臭味；丁酸还可作为酮体前体物，经瘤胃壁吸收后转变为β-羟丁酸，加重奶牛酮病。因此，丁酸含量的高低反映青贮饲料品质的好坏，丁酸含量越多，青贮品质越差。

十、青贮饲料的饲喂模式

青贮饲料在完成发酵、相关评价后，就可以用来饲喂畜禽，应根据不同畜禽品种、生长发育阶段和生产性能进行饲喂。

1. 适应性饲喂

青贮饲料可以作为牛、羊等草食动物主要的粗饲料，可占到日粮干物质的50%左右。青贮饲料是一种良好的多汁饲料，没有喂过青贮饲料的畜禽，开始饲喂时多数喜食，经过一个阶段的适应性饲喂后，几乎所有的畜禽都能采食。适应性饲喂的方法是，在畜禽空腹时，第一次先用少量青贮饲料与少量精饲料混合，充分搅拌后饲喂，使畜禽不挑食。经过1～2周不间断饲喂，多数畜禽能很快习惯，然后再逐步增加饲喂量。饲喂青贮饲料最好不要间断，一方面防止窖内饲料腐烂变质，另一方面防止畜禽因频繁变换饲料而引起消化不良或生产不稳定。

2. 饲喂方法

饲喂时，初期应少喂一些，以后逐渐增加到足量，让畜禽有一个适应过程，切不可一次性足量饲喂，造成牛、羊瘤胃内的青贮饲料过多、酸度过大，影响牛、羊正常采食和生产性能。喂青贮饲料时牛、羊瘤胃内的 pH 降低，容易引起酸中毒，应及时添加小苏打，可在精料中添加13% 的小苏打，促进胃蠕动，中和瘤胃内的酸性物质，提高 pH，增加采食量，提高消化率。每次饲喂青贮饲料，应和干草搅拌均匀再饲喂，避免挑食。有条件的养殖户，最好将精料、青贮饲料和干草进行充分搅拌，制成“全混合日粮”，饲喂效果会更好。青贮饲料或其他粗饲料，每天最好饲喂3次或4次，增加牛、羊“倒嚼”的次数。奶牛“倒嚼”时产生唾液并吞咽，有助于缓冲胃酸，促进氮素循环利用，促进微生物对饲料的消化利用。

饲喂青贮料要经常注意饲料槽的清洁，喂剩的青贮料应立即从食槽中清除出去。冬季饲喂青贮料时，要随取随喂，防止青贮饲料挂霜或冰冻，最好在畜舍内或暖棚里，先空腹喂青贮料，再喂干草和精饲料，以缩短青贮饲料的采食时间。冬季寒冷且青贮饲料含水量大，畜禽不宜单独大量食用，应混拌一定数量的干草或铡碎的干玉米秸。饲喂过程中，如发现畜禽有拉稀现象，应减量或停喂，待恢复正常后再继续饲喂。用青贮饲料饲喂奶牛，应在挤奶后进行，切忌在挤奶厅内存放青贮饲料，避免损害牛奶的气味。青贮饲料含有大量有机酸，具有轻泻作用，因此母畜妊娠后期不宜多喂，产前15天停喂。劣质的青贮饲料有害畜体健康，易造成流产，不能饲喂。

养殖场中青贮饲料必须保证常年均衡供应，对于大规模养殖场来说，青贮饲料也是粗饲料的重要来源。如果青贮饲料的数量充足且质量稳定，牛、羊的生产性能就能得到发挥。

牛、羊对青贮饲料的干物质的采食量低于有效能量相同的青绿饲料或干草，因此在动物日粮中青贮饲料不能作为唯一的粗饲料来源，而应将其与干草等粗饲料搭配饲喂。一般情况下，日粮中粗饲料占40%~80%，其中青贮饲料干物质可以占粗饲料干物质的1/2~2/3。日粮中青贮饲料干物质的折合方法，含水量70%的高水分青贮饲料3千克折合为1千克干草，含水量40%的半干青贮饲料2千克折合为1千克干草。

3. 饲喂量

各类畜禽喂青贮饲料的数量，是根据畜禽的品种与青贮饲料的种类和品质而决定的，品质良好的青贮饲料可以多喂，但不能完全代替饲料。

成年牛每100千克体重日喂量（千克）：产奶牛5～7千克，育肥牛4～5千克，后备牛4.0～4.5千克，种公牛1.5～2.0千克。

绵羊每100千克体重日喂量：成年羊4～5千克，羔羊0.4～0.6千克。

奶山羊每100千克体重日喂量：泌乳母羊1.5～3.0千克，青年母羊1.0～1.5千克，公羊1.0～1.5千克。

马的日喂量：役马每匹每天可喂12～15千克，种母马和1岁以上的幼驹每天可喂6～10千克。

猪的日喂量：根据猪的生长阶段和生产性能，仔猪每天0.05～0.20千克/头，育肥猪0.1～0.5千克/头，公猪1.0～1.5千克/头，母猪2.0～2.5千克/头。

鹅的日喂量：仔鹅0.05～0.10千克/只，生长育肥鹅0.3～0.4千克/只，成年肉鹅或蛋鹅0.8～1.0千克/只。

第二节 调制干草的利用模式与技术

种植饲料作物收获的产品需要调制和加工，以便解决饲草供应的季节性、地区间的差异性以及畜牧业发展的持续性问题。饲料作物生产只有做好饲草加工与贮藏这个环节，才能保证有计划地进行种植、管理和收获等工作，也才能有效地调节不同地区、不同季节饲草料的供应水平，从而保证畜牧业健康、稳定和持续发展。

一、调制干草的作用

调制干草就是将饲料作物在质量最好和产量最高的时期刈割，经自然或人工干燥调制成能长期保存的饲草料。它是草食家畜冬春季节必不可少的饲草，也是饲草加工业的主要原料，对畜牧业生产具有推进作用。

1. 干草能够常年为家畜提供均衡饲料，缓解由于饲料作物生长季节不平衡而造成的畜牧业生产不稳定。在作物生长季节，青草是放牧期最好的饲草，但作物枯萎季节，由于枯草营养价值低，通常在饲料作物生长期调制营养价值较高的干草为家畜提供均衡饲草，对于减少冬春家畜死亡、发展草地畜牧业具有重要意义。

2. 调制的优质干草饲用价值高，含有家畜所必需的营养物质，干物质含可消化碳水化合物40%~60%，粗蛋白质10%~17%，另外还富含脂肪、矿物质和维生素等。优质干草蛋白质含量甚至高于禾谷类籽实饲料，并含有各种氨基酸，在玉米等各种籽实饲料中加入干草粉可以补充籽实饲料中蛋白质的不足。

3. 优质干草产品有良好的市场需求。晒制干草方便销售，如苜蓿干草曾是我国畜牧业出口创汇的重要产品之一，随着经济和贸易的发展，干草和草制品逐渐商品化。一些草产品加工企业向国外输出饲草产品，促进了我国草业的发展，同时我国牛羊数量多，草食家畜占有较高比例，需要优质草产品作为发展的物质基础，饲料工业每年也有200万~300万吨优质干草的需求。

4. 优质干草产品生产扩大了配合饲料的原料来源。人工种植高产饲料作物，加工成含蛋白质17%~24%的优质草粉，可作为猪、鸡等畜禽配合饲料的原料。优质干草直接饲喂草食畜禽，可显著降低养殖成本，提高养殖经济效益。

5. 调制干草方法简便，原料丰富，成本低，且便于长期大量贮藏，在畜禽饲养上有重要作用。调制干草的原料有禾本科、豆科牧草以及其他一些质量好的饲料作物，随着农业现代化的发展，饲料作物收割、搂草、打捆机械化，干草的质量正在提高。

6. 干草饲喂畜禽可以促进草食畜禽的健康。用干草饲喂牛羊，可以提供长纤维饲料，保证瘤胃发酵的正常运行，防止引起肝脏功能减退等各种疾病。

二、调制干草的原则

饲料作物收获后，若不采取任何措施，以原来状态放置贮存，容易受到有害微生物的作用而腐败变质。为了防止该现象的发生，同时为家畜提供更多更好的粗饲料，要对收获的饲料作物进行干燥，使其含水量降至18%之后进行贮藏。因此，在干草调制中要把握以下原则：第一，尽可能缩短饲料作物干燥时间，加速饲料作物的干燥，以减少由于生理生化作用和氧化作用造成的损失，减少雨淋、露水浸湿造成的干草腐烂。第二，无论采用哪种干草调制办法，在干燥末期植物各部位的含水量应当力求均匀。第三，饲料作物在干燥过程中应尽可能避免雨、露打湿，并且不要在日光下长时间暴晒。新收割的饲料作物受雨淋或露水浸湿时，干草的品质下降较少；如果晒干的草受雨淋或露水浸湿，则干草品质下降较大，潮湿的干草应尽快重新干燥。如果受潮时间过长，长时间处于潮湿状态，则氧化和微生物作用时间愈长，营养物质的损失就愈多。第四，搂草、集草等生产环节应当在植物细嫩部分还未折断或折断不多时进行。第五，饲料作物干燥不能只在草趟和草垄上进行，应先在草趟上使饲料作物凋萎，然后在草垄上，有时在草堆上完全干燥。

三、调制干草的适宜收获期

饲料作物收割是调制干草的一个重要生产环节，收获时间的早晚对干草的数量和品质有很大影响，而且也间接影响以后草地生产力水平的维持与提高。在目前的生产中，饲料作物调制干草主要以禾本科和豆科饲料作物为主。

饲料作物适时收割晒制的干草，干物质产量和可消化蛋白质含量高，饲喂家畜后效果好。特别是多年生饲料作物在第二茬、第三茬收获时，由于受气候条件（如夏季多雨）、劳动力安排不当等影响，往往不能适时刈割，导致营养物质损失严重，干草品质差、经济价值低。

1. 适时收获

饲料作物在生长过程中，各个时期营养物质的含量是不同的。饲料作物幼嫩时期生长旺盛，体内水分含量较多，且叶量丰富，粗蛋白质、胡萝卜素等含量多。相反，随着饲料作物的生长和生物量的增加，上述营养物质的含量明显减少，而粗纤维的含量则逐渐增加，品质显著下降。确定饲料作物的最佳收割时期，首先以单位面积内可消化营养物质含量最高为标准，其次是有利于饲料作物再生和安全越冬。根据上述两条标准，禾本科饲料作物、豆科饲料作物有不同的收割适宜期。

2. 禾本科饲料作物适宜的刈割期

多年生禾本科饲料作物地上部分在孕穗抽穗时期，叶多茎少，粗纤维含量较低，质地柔软，粗蛋白质、胡萝卜素含量高，而进入开花期后则显著减少，粗纤维含量增多。

干草品质在很大程度上取决于它的消化率，而消化率同样随着生育期的延续而下降。根据资料，如果禾本科饲料作物分蘖期的可消化蛋白质含量为100%，那么孕穗期为97%、抽穗期为60%，而到开花期仅为42.5%。

从禾本科饲料作物的产量动态变化来看，其在一年内地上部生物量的增长速度是不均衡的。孕穗抽穗期生物量增长最快，营养物质产量也达到高峰，此后则缓慢下降。一般认为，禾本科饲料作物单位面积的干物质和可消化营养物质总量抽穗至开花期最高。另一方面，刈割期对禾本科饲料作物的再生性、刈割次数及下一年的产草量均有较大影响。一般认为，在孕穗至抽穗期刈割有利于禾本科饲料作物再生。除此之外，刈割期的早晚对翌年的产量也有一定影响。下一年饲料作物的产量主要取决于饲料作物地下器官可塑性营养物质的积累情况，而可塑性营养物质积累的最高时期又受牧草种类、地理位置、气候条件等因素的影响，而且饲料作物的刈割次数及最后一次的刈割时期也会对饲料作物地上器官可塑性营养物质的积累产生影响。一般多在抽穗至初花期刈割，霜冻前45天禁止刈割。

3. 豆科饲料作物适宜的刈割期

与禾本科饲料作物一样，豆科饲料作物也随着生物期的延长粗蛋白质、胡萝卜素和必需氨基酸的含量逐渐减少，粗纤维显著增加。豆科饲料作物不同生育期的营养成分变化比禾本科更为明显，例如开花期刈割与孕蕾期刈割相比，蛋白质减少1/3～1/2，胡萝卜素减少1/2～5/6。豆科饲料作物进入花期后，下部叶片枯黄脱落，刈割越晚叶片脱落也越多。豆科饲料作物进入成熟期后，茎变的坚硬，木质化程度高，而且胶质含量高，不易干燥，但叶片薄而干得快，造成严重落叶现象。豆科饲料作物叶的营养物质尤其是蛋白质含量比其茎秆高1.0～2.5倍，所以豆科饲料作物不应过晚刈割。多年生豆科饲料作物如苜蓿、沙打旺、草木樨等根据生长情况，现蕾至初花期为刈割适期，此时的总产量最高，对下茬生长无大影响。但个别饲料作物由于品种、气候条件影响，收割后饲料作物品质不同。在生产实践中，因生产目的不同也有差异，如以收获维生素为主的饲料作物可适当早收，所以需要灵活掌握。

其他饲料作物也应根据饲料作物的营养状况、产量因素和对下茬的影响来决定刈割时期，如菊科的串叶松香草、菊苣等以初花期为宜，而苋科的籽粒苋以花期至结实期为宜。

四、调制干草的干燥方法

根据饲料作物调制干草的要求，可结合不同地区和不同天气条件选择不同的干燥方法，干燥方法大体分为两类，即自然干燥法和人工干燥法。自然干燥法也有很多具体方法，因采取的方式不同，其在调制过程中发生的营养损失程度也有差异。

1. 自然干燥调制干草

（1）地面干燥法：这是当前生产中采用最广泛、最简单的方法，干草的营养物质变化及其损失在这种方法中最易发生。干草调制过程中的主要任务就是在最短的时间内达到干燥状态，采用地面干燥法干燥饲料作物的具体过程和时间由于地区气候条件的不同而不完全一致。

饲料作物刈割以后，先就地干燥6~7小时，应尽量摊晒均匀，并及时翻晒通风1~2次或多次，使饲料作物充分暴露在干燥的空气中，一般早晨割倒的饲料作物11时左右翻晒最佳。如果再次翻晒，要选在13~14时，其后的翻晒效果不佳。含水量达40%~50%，茎开始凋萎，叶子还柔软、不易脱落时，用搂草机搂成松散的草垄，使饲料作物在草垄上继续干燥4~5小时。含水量达35%~40%，叶子开始脱落以前，用集草器集成草堆，再干燥1~2天就可调制成干草。

晒制初期，植物细胞并未死亡，仍在呼吸代谢，也能进行一定的光合作用。但因为异化作用占优势，所以消耗较多的可溶性碳水化合物，氧化成CO_2和H_2O。蛋白质虽有微量降解，但损失甚少。当含水量降到40%以下时，植物的气孔关闭，细胞呼吸渐停止，进而继续干燥，直至细胞死亡。晒制过程中，由于植物细胞呼吸作用造成的干物质损失，24小时可达2%以上。

晒制后期，水分继续缓慢蒸发。为加快失水，缩短暴晒时间，可趁晨露将草行上下翻转，以降低掉叶损失，也加快了晒制进程。随着饲料作物中的水分减少，可将草行集中成松散或中空的小堆。当含水量降到17%左右时，可堆成大垛或打捆运出。

这种开始平铺晒草、以后集成草垄或小堆干燥的方法，前期干燥速度快，可减少因植物细胞呼吸造成的养分损失；后期接触阳光暴晒的面积小，能更好地保存饲料作物中的胡萝卜素，同时在堆内干燥，可适当发酵，形成一些酯类物质，使干草具有特殊的香味。

（2）草架干燥法：在多雨地区，用地面干燥法调制干草不易成功，可以在专门制造的干草架上进行干草调制，适用于高产饲料作物地优质干草生产。虽然需用一部分设备或较多的人工，但架上调制的干草质量较高，草架主要有独木架、三脚架、铁丝长架和棚架等。

用干草架进行牧草干燥时，首先把割下的饲料作物在地面干燥半天或一天，使其含水量降至45%~50%，然后再用草叉将草上架，遇雨时可不用干燥而立即上架。堆放饲料作物时应自下而上逐层堆放，草的顶端朝里，同时应注意最低的一层牧草应高出地面，不与地表接触，这样有利于通风，也避免与地表接触受潮。堆放完毕后应将草架两侧的饲料作物整平理顺，这样遇雨时雨水可沿其侧面流至地表。

（3）发酵干燥法：调制干草，即便在良好的条件下，也不只是简单的干燥作用，往往同时伴随或多或少的发酵作用。但采用田间干燥法调制干草时却尽量不发酵，往往只借助太阳的暴晒来完成。新收获的饲料作物，阴雨天气可堆成草堆，每层都应踩紧压实，以便鲜草在草堆中发酵而达到干燥。在发酵过程中温度升高，同时干物质分解产生水分、二氧化碳等，氧化继续进行。草堆经48～60小时需要挑开，使水分散发。

多雨季节收获的饲料作物，用地面干燥法调制优良干草较困难时，可采用发酵干燥法调制成棕色干草。调制方法是，晴天刈割饲料作物，按着用1.0～1.5天的时间使饲料作物在原来的草趟上暴晒，经过翻转后在草垄上干燥，使新鲜的饲料作物凋萎；当水分减少到50%时，再堆成3～6米高的草堆，堆堆时应好好踏实，力求紧实，使凋萎的饲料作物在草堆上发酵6～8周，同时产生高热，以不超过70℃为宜；堆中饲料作物的水分由于受热风而蒸发，逐渐干燥成棕色干草。

2. 加快自然干燥的方法

干草的调制过程也是饲料作物营养物质损失的过程，加速干草的调制过程，减少干燥所用的时间，降低营养物质损失，是生产优质干草的重要方法之一。为了使饲料作物加快干燥和干燥均匀，要在干草调制过程中创造一些条件，使温度、空气相对湿度以及空气的流动能更好地作用于饲料作物的干燥过程。

(1) 翻晒草垄：在刈割高产草地上的饲料作物时，收获的饲料作物常常摊晒极不均匀，造成干燥速度快慢不一、干湿不匀，所以在高产草地，在收割的同时要翻动饲料作物，使之摊晒均匀，或者收割后进行翻草。在调制干草的过程中，翻动是最简单而应用最广泛的技术。翻动的目的是把草条翻过来，把干草转移到比较干燥的地面，使之增加空气流通。翻动的原因在于，草条中有一个干燥梯度，把草条翻过来，可使较湿的部分暴露于大气中。移动草条可增强草条通风，因为接触地面的草条必然要受到地下潮湿条件的影响。

当饲料作物有些干燥后进行第二次翻草，此时原料干燥速度大大加快。翻草次数愈多，饲料作物的干燥速度愈快，但是翻晒次数越多其叶的损失就越高，豆科饲料作物应控制次数，最好只翻2～3次。最后一次翻草在牧草的含水量不少于40%，叶还不易脱落和折断时进行。

(2)压裂饲料作物茎秆：饲料作物收获后干燥时间的长短，实际上取决于茎秆干燥所需的时间。茎与叶相比，茎的干燥速度要慢得多。当豆科饲料作物的叶干燥到含水5%～20%时，茎的水分为35%～40%，所以加快茎的干燥速度就能加快饲料作物的整个干燥过程。使用饲料作物茎秆压扁机压裂植物茎秆，可以破坏茎秆的角质层膜和表皮，破坏茎秆的维管束并使它暴露于空气中，水分的蒸发速度大大加快，茎秆的干燥速度大致能跟上叶的干燥速度。这不仅能缩短饲料作物的干燥时间，而且使植物各部分干燥均匀。目前生产实践中开始推广使用收割和压裂同时进行的压扁收获机械，此类机械的使用大大加快了饲料作物的干燥过程，有利于提高干草的质量和产量。

(3)应用化学干燥剂：近年来，豆科饲料作物刈割后喷洒化学药剂加速干燥的研究已有很多。一般认为，干燥剂改变了饲料作物角质层的结构或溶解了角质层，促进了水分散失，缩短了田间干燥的时间，降低了营养物质的损失。如碱金属碳酸盐对苜蓿干燥有一定效果，随着碳酸盐中碱金属离子半径的增加，可加速苜蓿干燥，因此 K^+ 等对水分的渗透有特殊作用。K_2CO_3 对苜蓿有良好的干燥效果，主要是因为 K^+ 和 CO_3^{2-} 提供了适宜的碱性环境（pH），促进了水分渗透。苜蓿刈割后水分散失的主要阻碍为茎叶表面的角质层及蜡质，利用有机溶剂溶解茎叶表面的蜡质后，破坏了蜡质层的结构，改变了蜡粒的排列方式，进而加速水分的散失。长链脂肪酸甲基酯结合于蜡质表面，促进了水分在蜡质表面的运输，从而促进了水分散失，加快了苜蓿的干燥速度。国外应用较多的苜蓿干燥剂有碳酸钾、碳酸钾 + 长链脂肪酸混合液、长链脂肪酸甲基酯乳化液 + 碳酸钾等制剂，这些制剂可破坏茎秆表面的蜡质层结构，促使植物体内的水分蒸发，加快干燥速度。

3. 人工干燥方法

饲料作物调制过程中，如果干燥进行的缓慢，则受微生物、雨淋等的作用，会造成营养物质和干物质损失，干草品质降低，所以要进行人工干燥。人工干燥法基本上可分为两种方式，一种是常温鼓风干燥法，另一种为高温快速干燥法。

(1)常温鼓风干燥法：为了保存饲料作物的叶片、嫩枝，并减少干燥后期阳光暴晒对胡萝卜素的破坏，搂草、集草和打捆作业时，禾本科饲料作物宜在含水量35%~40%、豆科饲料作物在40%~50%时进行。

饲料作物干燥可以在室外露天堆贮场进行，也可以在干草棚中，棚内设电风扇、吹风机、送风器和各种通风道。也有的在草垛一角安装吹风机、送风器，在垛内设通风道，借助送风的办法对刈割后在地面预干到含水50%的牧草进行不加温干燥。这种方法在干草收获时期，白天、早晨和晚间的相对湿度低于75%、温度高于15℃时使用。

在干草棚中干燥是分层进行的，第一层草先堆1.5~2.0米高，经过3~4天干燥后，再堆上高1.5~2.0米的第2层草，如果条件允许，可继续堆第3层草，但总高度不超过5米。如果牧草的水分含量为40%左右、相对湿度为85%~90%，空气温度只有15℃，则应该昼夜鼓风干燥。

当无雨时，人工干燥工作应停止，以降低干燥成本。在持续不良的天气条件下，牧草可能发热，此时鼓风降温继续进行，不论天气如何，每隔6~8小时鼓风降温1小时，草堆的温度不可超过42℃。

(2)高温干燥法：将切短的饲料作物置于烘干机中，通过高温空气，使原料迅速干燥。干燥时间的长短取决于烘干机的种类、型号及工作状态，从几小时到几十分钟至几秒钟，使牧草的含水量由80%左右迅速下降到15%以下。

饲料作物烘干机的类型，按工作性能可分为分批作业式和连续作业式两类。分批作业式干燥机周期完成一批原料的干燥，原料的装卸均在干燥机停止工作的情况下进行；连续作业式干燥机是在不间断供料和卸料的条件下连续作业。按干燥介质的温度又分为低温干燥机和高温干燥机两种，低温干燥机的入口温度为75～260℃，出口温度为25～100℃；高温干燥机又称为快速干燥机，入口温度为400～600℃，出口温度60～140℃，有气流管道式和气流滚筒式两种类型，目前多采用连续作业的气流滚筒式高温干燥机。虽然烘干机中的温度很高，但饲料作物本身的温度一般不超过35℃，所以营养成分损失较少。

高温干燥过程中，最重要的是调控烘干机使其进入最佳工作状态。烘干机的工作状态取决于原料种类、水分含量、进料速度、滚筒转速、燃料和空气的消耗量等。机组进料应连续进行，不得频繁更换原料种类或不同生长发育时期收获的牧草，以免对整个工艺流程和成品质量产生不良影响。为获取优质产品，干燥机出口温度不宜超过65℃，干草含水量不低于9%，否则会导致饲料作物营养物质损失，并使消化率降低，品质变劣，增加能耗，降低机组的工作效率。

目前我国除引进国外的设备与技术外，也相继研制出一些简易、低能耗的人工干燥机械和设备。如大型苜蓿干燥成套设备，该设备采用多环滚筒式结构，干燥能力大，采用国际先进的尾气循环利用系统，节省能源，安全可靠。

五、干草调制过程中营养物质的变化

饲料作物调制干草的过程，不仅仅是单纯的植株脱水过程，随着植株水分的散失，其生理特性和物理性能也都发生了显著的变化。因此，为了获得优质干草，首先要掌握好饲料作物在干燥过程中水分的散失规律及相应的营养物质损失动态，这样才能采取有效的调制措施。

1. 干燥过程中水分的散失

通常收获的鲜草含水量为50%～85%，为达到贮藏条件，其含水量要降至15%～18%，最高不能超过20%。为了获得这样含水量的干草，必须使植物从体内散发出大量水分。为减少干燥过程中干草的营养物质损失，饲料作物刈割后，必须将植物体内的水分快速散失，促进植物细胞快速死亡，减少营养物质的浪费。

(1)水分散失的规律：在自然条件下，刈割后的饲料作物散出水分的过程可分为两个阶段。第一阶段，起初植物体内的水分散出很快，在良好的晴天情况下，经5～8小时，禾本科饲料作物含水量降到40%～45%，豆科饲料作物减少到50%～55%。这一阶段从植物体内散发的是游离于细胞间隙的自由水，水分散失主要通过维管系统、细胞间隙和气孔，水分散失速度快而均匀。散失的速度主要取决于大气含水量和空气流动，所以干燥、晴朗、有微风的条件能促使水分快速散失。第二阶段，禾本科饲料作物含水量降到40%～45%、豆科饲料作物减少到50%～55%时，植物体内散水的速度越来越慢，这一阶段的特点是从植物体内散发掉结合水。散水速度变慢的原因是水分的散失由第一阶段的蒸腾作用为主，转为为以角质层蒸发为主，而角质层有蜡质，阻挡了水分散失。使牧草含水量由40%～55%降到18%～20%需1～2昼夜。

（2）影响干燥速度的因素：

① 气候条件。饲料作物的干燥是在外界气温、空气湿度和风速等因素的作用下进行的。干燥过程中，水分的散失速度主要取决于饲料作物与大气间的水势差。如果大气湿度小，二者之间的水势差大，则饲料作物的干燥速度就快。但是阴雨潮湿天气水分散发很慢，甚至大气中的水分还会进入干草中。若空气湿度保持不变，即使空气温度升高，也很难明显加快干燥速度。只有相对湿度降低，高温才能扩大饲料作物与空气的水势差，从而加快干燥速度。如果设法让这些因素不断发生作用，比如刈割在良好的天气条件下进行或采取勤翻晒、堆成小堆的办法，均能加速饲料作物的干燥进程。

② 植物体内部、外部的散水情况。饲料作物的干燥速度取决于植物体表面水分散发（外部散水）的速度和水

分从细胞内部向体表移动（内部散水）的速度。所以在干燥时，尤其是第二阶段，促进外部散水和内部散水协调一致，不让两者脱节是非常重要的。在生产上采用压扁茎秆和喷洒化学干燥剂等方法，在一定程度上破坏或改变了抗蒸发的性能，从而减轻了水分移动的阻力，加速了饲料作物的干燥速度。

③ 植物体中水分移动的阻力。在外界气候条件相同的情况下，植物保蓄水分的能力越大，干燥速度越慢。一般豆科饲料作物比禾本科饲料作物保蓄水分的能力强，干燥速度比禾本科慢。这是因为豆科饲料作物含碳水化合物少，蛋白质多，影响了它的保蓄水分能力。另外，幼嫩的植物纤维素含量低，而蛋白质物质多，保蓄水分能力强，不易干燥，相对枯黄的植物则相反，易干燥。

④ 饲料作物各器官的散水强度。同一植物不同器官，水分散失速度也不相同，叶片的表面积大，气孔多，水分散失快，而茎秆则水分散失慢。因此，在干燥过程中要采取合理的干燥方法，尽量使植物各个部位均匀干燥。

六、干草的贮存模式

合理贮藏干草是减少贮藏过程中营养物质损失，保证干草品质和安全的重要环节。贮藏不当会降低干草的饲用价值，甚至引起火灾等严重事故。

1. 干草贮藏方法

调制干燥好的干草要及时进行合理贮藏，贮存方式根据调制产品的形式进行选择。

(1)草捆贮存：草捆生产是近几十年来发展的新技术，也是最先进、最好的干草贮存方式。目前，发达国家的干草生产基本上全部采用草捆技术，而且干草捆生产已经成为美国、加拿大等国家的一项重要产业。草捆生产有一套专门的设备和工艺技术，可以制作方草捆，也可制作圆草捆，草捆大小根据需要和设备规格而定。简单来说，草捆制作过程为：用收割压扁机完成饲料作物的收割并同时压扁茎秆，使茎、叶的干燥速度基本处于同步；用专门机械摊晒，干燥后搂成草条，然后用捡拾打捆机将草条自动捡起并压捆。用这种方法生产的干草捆极其紧实，可以十分方便地运输和码放整齐，保存效果极好。一般每个草捆重25千克左右，打捆生产率为300捆/小时，每12秒可以打一个捆。除了利用捡拾打捆机将草条打成圆捆以外，也可把体积大、重量轻的松干草压缩打捆，以便于运输、减少损失和堆藏方便。

干草捆体积小，密度大，便于贮藏，一般露天垛成干草捆草垛，顶部加防护层或贮藏于干草棚中。草垛的大小一般为宽5.0～5.5米，长20米，高18～20层。下面第一层(底层)应将干草捆的宽面相互挤紧，窄面向上，整齐铺平，不留通风道或任何空隙，其余各层堆平(窄面在侧，宽面在上下)。为了使草捆位置稳固，上层草捆之间的接缝应和下层草捆之间的接缝错开。从第2层草捆开始，可在每层设置25～30厘米宽的通风道，在双数层开纵向通风道，在单数层开横向通风道，通风道的数目可根据草捆的水分含量确定。干草捆的垛壁一直堆到8层草捆高，第9层为“遮檐层”，此层的边缘突出于8层之外，作为遮檐，第10、11、12、…呈阶梯状堆置，每一层的干草纵面从下层缩进2/3捆或1/3捆长，这样可堆成带檐的双斜面垛顶，垛顶共需堆置9～10层。垛顶用草帘或其他遮雨物覆盖。

干草捆除露天堆垛贮藏外，还可以贮藏在专用的仓库或干草棚内，简单的干草棚只设支柱和顶棚，四周无墙，成本低。干草棚贮藏可减少营养物质的损失，干草棚内贮藏的草捆，营养物质损失在1%～2%，胡萝卜素损失为18%～19%。

（2）散干草贮藏：当调制的干草水分含量达15%～18%时即可进行堆藏，堆藏有长方形垛和圆形垛两种。长方形草垛的宽一般为4.5～5.0米，高6～6.5米，长不少于8米；圆形草垛一般直径为4～5米，高6～6.5米。为了防止干草与地面接触而变质，必须选择高燥的地方堆垛，草垛的下层用树干、秸秆等作底，厚度不少于25厘米。垛底周围挖排水沟，沟深20～30厘米，沟底宽20厘米，沟顶宽40厘米。垛草时要一层一层地堆，长方形垛先从两端开始，要始终保持中部隆起，以便于排水。堆垛过程中要压紧各层干草，特别是草垛的中部和顶部。从草垛全高的1/2或2/3处开始逐渐放宽，每边比垛底宽0.5米，以利于排水。为了减少风雨损害，长垛的窄端必须对准主风方向，水分较高的干草堆在草垛四周靠外边，便于干燥和散热。气候潮湿的地区，垛顶应较尖；干旱地区，垛顶坡度可稍缓。垛顶可用劣草铺盖压紧，最后用树干或绳索以重物压住，预防风害。

散干草堆藏虽经济节约，但易遭雨淋、日晒、风吹等不良条件的影响，使干草褪色，不仅损失营养成分，还可能使干草霉烂变质。试验结果表明，干草露天堆藏，营养物质的损失重者可达20%~30%，胡萝卜素损失最多可达50%以上。长方形草垛贮藏一年后，周围变质损失的干草，在草垛侧面厚度为10厘米，垛顶厚度为25厘米，其余部分为50厘米。其中侧面损失最小，故适当增加草垛高度可减少干草堆藏的损失。

干草堆藏可由人工操作完成，也可由悬挂式干草堆垛机或干草液压堆垛机完成。

散干草经堆垛或运进干草棚内就进入贮藏阶段。散干草贮藏有两种方法，一是露天贮藏。露天堆藏干草是传统的干草存放形式，适用于需存很多干草的大型养畜场，是一种既经济又省事的较普遍采用的方法。但干草易遭受雨雪和日晒，造成养分损失或霉烂变质。因此，堆垛应尽量压紧，加大密度，缩小与外界环境的接触面，垛顶如用塑料薄膜覆盖，也可减少损失。要选择地势平坦、高燥、排水良好、背风和取用方便的地方进行堆垛。二是草棚贮存。气候潮湿、条件较好的牛羊养殖场或草产品加工厂可建造简单的干草棚，既能防雨雪和潮湿，又能减少风吹、日晒、霜打和雨淋所造成的损失。在堆草时，棚顶与干草应保持一定的距离，以便通风散热。

2. 干草贮藏中的损失

干燥适度的干草即可进行贮藏。干草贮藏10小时左右，草堆发酵开始，温度逐渐上升，草堆内温度升高主要是微生物活动造成的。干草贮藏后温度升高是普遍现象，即使调制良好的干草，贮藏后温度也会上升，常常可达44～55℃。适当的发酵能使草堆自行紧实，增加干草香味，提高干草的饲用价值。

不够干燥的干草贮藏后温度逐渐上升，如果温度超过适当界限，干草中的营养物质就会大量消耗，使消化率降低。干草中最有益的干草发酵菌40℃时最活跃，温度上升到75℃时被杀死。干草贮藏后的发酵作用将有机物分解为二氧化碳和水，草垛中这样积存的水分会由细菌再次引起发酵作用，水分愈多，发酵作用愈盛。初次发酵作用使温度上升到56℃，再次发酵作用使温度上升到90℃，这时一切细菌都会被消灭或停止活动。细菌停止活动后，氧化作用继续进行，温度增高更快，温度上升到130℃时干草焦化，颜色发褐。温度上升到150℃时，如有空气接触，会引起自燃而起火。如果草堆中的空气耗尽，会使草垛中的干草炭化，丧失饲用价值。

草垛中温度过高的现象往往出现在干草贮藏初期，在贮藏一周后，如发现草垛温度过高，应拆开草垛散热，使干草重新干燥。

草垛中温度增高引起的营养物质损失，主要是糖类分解为二氧化碳和水，其次是蛋白质分解为氨化物。温度越高，蛋白质的损失越大，可消化蛋白质也越少。随着草垛温度的升高，干草的颜色变得越深，牧草的消化率越低。研究表明，干草贮藏时含水量为15%，其堆藏后干物质的损失为3%；贮藏时含水量为25%，堆贮后干物质损失为5%。

干草在贮存过程中会因发酵而引起发热现象，不仅引起养分的损失，而且有时变质不能使用，尤其是高温发酵使干草变得呈褐色或黑色，另外有时发生火灾。这些并不是突然发生的，而是在长期的贮藏过程中逐渐氧化，在酶类、霉菌、酵母菌等的影响下导致糖类和可溶性碳水化合物损失而引起的。干草霉烂变质的程度取决于干草的含水量、气温和大气湿度。干草中的微生物一般在含水量25%～30%、气温25～30℃、空气相对湿度达到85%～95%时比较活跃，会导致干草霉烂变质。贮藏温度和贮藏开始时的干草含水量对营养损失的影响最大，温度为－18～7℃、含水量在7%～12%的范围内几乎不发生损失，而在温度为36℃、含水量18%的情况下贮藏8个月，其损失率为8%左右。

3. 干草贮藏注意事项

干草调制成功后，必须尽快采取正确而可靠的方法进行贮藏，以减少营养物质的损失和其他浪费。如果贮藏不当，会造成发霉变质，使营养成分消耗殆尽，完全失去干草调制的目的和意义。此外，贮藏不当还会引起火灾。干草贮藏要做到以下几点：一是防止垛顶塌陷漏雨，干草堆垛后2~3周易发生塌顶现象，必须及时铺严封严。若长期贮藏，可用草泥封顶。二是草垛堆起后要用木栅围成草圈，在四周挖防畜沟和防火道，并经常注意做好防畜、防火、防水工作。三是防止干草发酵生热引起自燃。

第三节 草粉生产的利用模式与技术

草粉是将适时刈割收获的饲料作物经干燥后，粉碎而成的青绿色或黄绿色产品，是干草调制后进一步加工的产品。

一、草粉生产的作用

草粉作为维生素、蛋白质及纤维饲料，在畜禽营养中具有不可替代的作用。蛋鸡饲料中添加3%~5%的优质草粉，可以提高产蛋率，改善蛋黄颜色，增加蛋壳牢固度和色泽，提高孵化率；肉鸡饲料中添加少量草粉，可增强体质并使皮肤、腿和喙呈现消费者所喜欢的黄色；种母猪的日粮中添加5%~10%或更多量的草粉，可替代部分精料，降低饲料成本。以苜蓿为例，苜蓿草粉含粗蛋白

15%～20%，各种氨基酸占6%，赖氨酸、色氨酸、胱氨酸等比玉米高3倍，比大麦高1.7倍。此外，还含有叶黄素和维生素C、维生素K、维生素E、维生素B和Ca、P等微量元素及其他生物活性物质，营养成分齐全而均衡。因此，近年来，苜蓿草产品开发受到重视，消费量逐年增加，价格也比玉米高50%左右，优质苜蓿草粉售价高达400～500美元/吨，国内苜蓿草粉售价多为1 800～2 200元/吨。

世界上许多国家已把优质草粉作为重要的蛋白质、维生素饲料资源，草粉及其深加工产品生产已逐渐形成一个新兴产业。把优质饲料作物经人工快速干燥，然后粉碎成草粉或再加工成草颗粒，或者切成碎段后压制成块、草饼等，这些产品是比较经济的蛋白质、维生素补充饲料。草粉用于配合饲料的配比一般为12%～13%，大量生产优质草粉，可以为配合饲料厂提供半成品蛋白质补充饲料和维生素饲料，推动浓缩饲料和全价配合饲料迅速发展。

目前，我国草粉生产尚处于起步阶段，配、混合饲料中草粉所占的比例较小。但是随着"粮改饲"的推进，我国饲草料生产体系将逐步构建，其中很多是蛋白质含量丰富的优质饲料作物，可以用于加工优质草粉，尤其是优良豆科饲料作物如苜蓿、三叶草、红豆草等种植面积增加，将扩大优质草粉生产的原料来源，加快发展草粉生产，也是解决当前蛋白质饲料不足的一条有效途径。

二、草粉生产技术

调制加工优质草粉，最重要的是尽量保持饲料作物原有的营养成分和较高的消化率及适口性，尤其要注意尽量减少青绿期饲料作物中粗蛋白、胡萝卜素以及必需氨基酸等营养成分的损失。尽量克服影响优质草粉生产的因素，既要掌握好品种和生境，也要把握好收获时期、干燥方法和干燥时间，同时运用先进的工艺流程、加工机械等。

1. 草粉生产工艺流程

草粉加工生产的流程一般为：适时刈割→切短→干燥→粉碎→包装→贮运，其中刈割、干燥技术与调制干草的相同。

(1) 切短：在草粉生产过程中，将收获的饲料作物进行简单的加工是进行其他加工前的处理，为下一步工作做准备，有利于再加工时充分粉碎。有的生产过程不进行切短，而是将刈割后的饲料作物自然干燥后直接粉碎。

(2) 粉碎：草粉加工中最重要的一道工序是粉碎，这对草粉的质量有重要影响。因此，技术要求也很高。干草经粉碎后，增大了饲料暴露的表面积，有利于动物消化与吸收。动物营养学实验证明，减小碎粒尺寸，可改善干物质、氮和能量的消化与吸收，提高饲料转化率，见下表。

草粉粉碎细度对消化率和饲养效果的影响

粉碎细度（微米）	消化率（%）			料肉比
	干物质	氮	能量	
< 700	86.1	82.9	85.8	1.74
700～1 000	84.9	80.5	84.4	1.82
> 1 000	83.7	79.1	82.6	1.93

2. 粉碎方法

粉碎是利用机械的方法克服固体物料内部的凝聚力而将其分裂的一种工艺，即靠机械力将物料由大块碎成小块，主要有击碎、磨碎、压碎和锯切碎。

（1）击碎：击碎是利用安装在粉碎室内的许多高速回转锤片对饲料撞击而将其破碎。利用这种方法的有锤式粉碎机和爪式粉碎机，利用最广。

（2）磨碎：磨碎是利用两个磨盘上带齿槽的坚硬表面，对饲料进行切削和摩擦而破碎饲料。利用正压力压制饲料粒，并且两磨盘相对运动，因而对饲料有摩擦作用，工作面可做成圆形或圆锥形。该法用于加工干燥而不含油的饲料，可以磨碎成各种粒度的成品，但含有大量粉末，饲料温度也很高。钢磨的制造成本较低，所需动力较小，但成品中含铁偏高，目前应用较少。

（3）压碎：压碎是利用两个表面光滑的压辊，以相同的速度相对转动，被加工的饲料在压力和工作表面发生的摩擦力的作用下而破碎。

(4)锯切碎：锯切碎是利用两个表面有齿而转速不同的对辊将饲料切碎。工作面上有锐利的切削角的对辊，特别适宜颗粒破碎，并可获得各种不同粒度的成品，产生的粉末也较少，但不适合用来粉碎含油和湿度大于18%的饲料，这时会使沟齿堵塞，饲料发热。这种粉碎机称为对辊粉碎机或辊式磨。

三、草粉质量评价

1. 感官性状评价

(1)型状：有粉状、颗粒状等。

(2)色泽：暗绿色、绿色或淡绿色。

(3)气味：具有草香味，无变质、结块、发霉及异味。

(4)杂物：草粉中不允许含有有毒有害物质，不得混入其他物质，如砂石、铁屑、塑料废品、毛团等杂物。若加入氧化剂、防霉剂等添加剂，应说明所添加的成分与剂量。

2. 营养成分含量平价

草粉的质量与营养成分含量关系密切，因调制方法不同而差异较大。如苜蓿草粉按调制方法可分为日晒苜蓿草粉和烘干苜蓿草粉等，营养成分含量、能量及可消化蛋白含量等随着调制方法的不同而发生一些变化，具体见下表。

苜蓿草粉营养成分含量

营养成分含量	日晒苜蓿	烘干苜蓿
粗蛋白（%）	16～22	12.5～17
粗脂肪（%）	1.8～3.5	1.5～3.5
粗纤维（%）	20～31	27～34
粗灰分（%）	7.0～10	7～11
钙（%）	1.2～1.9	1～1.5
磷（%）	0.18～0.3	0.2～0.4
β—胡萝卜素（毫克 / 千克）	53～238	14～40
维生素 A（IU/ 克）	73～409	22～67
叶黄素（毫克 / 千克）	106～456	—

苜蓿草粉能量和可消化蛋白质含量

绝干物质中的含量	日晒苜蓿草粉	烘干苜蓿草粉
粗蛋白（%）	15.7	16.9～21.8
粗纤维（%）	27.7	26.2～31.9
消化能（兆焦 / 千克）	10.6	11.21～11.3
代谢能（鸡）（兆焦 / 千克）	2.1	3.01～7.2
可消化蛋白（%）	10.6	13～17

3. 质量等级评定

草粉以水分、粗蛋白、粗纤维、粗脂肪、粗灰分及胡萝卜素的含量作为控制质量的主要指标，按含量划分等级。

含水量一般不得超过10%，其他质量指标测定值均以绝干物质为基础进行计算。草粉的种类较多，世界各国都根据不同的原料种类制定各自不同的国家质量等级标准。

(1)美国苜蓿草粉标准：美国官方饲料管制协会AAFCO规定的苜蓿草粉质量标准见下表。

日晒苜蓿草粉

质量标准	一级	二级	三级	四级	五级	六级
粗蛋白(%)	≥20	≥16	≥15	≥14	≥13	≥12

烘干苜蓿草粉

质量标准	一级	二级	三级	四级	五级	六级
粗蛋白(%)	≥22	≥20	≥18	≥17	≥15	≥13
粗纤维(%)	≤20	≤22	≤25	≤27	≤30	≤33

(2)中国苜蓿草粉标准：

质量标准	等级标准					
	一级		二级		三级	
	日晒苜蓿	脱水苜蓿	日晒苜蓿	脱水苜蓿	日晒苜蓿	脱水苜蓿
粗蛋白(%)	≥18	20	≥16	17	≥14	14
粗脂肪(%)	<1.9	1.9	<1.5	1.5	<1.2	1.2
粗纤维(%)	<30	23	<32	28	<34	30
粗灰分(%)	<11	11	<11	11	<11	11
胡萝卜素(毫克/千克)	≥130	≥130	≥90	≥90	≥50	≥50

(3)等级评价说明：当各项指标测定值均同时符合某一等级时，才可定为该等级。草粉中有两项或两项以上指标不符合该等级标准，即为不合格草粉，不予定级。一级草粉质量最优，三级以下(不包括三级)的草粉不得被用作商品草粉销售。明显被病虫害浸染的草粉不得被用作商品草粉销售或饲用。

四、草粉产品的贮存

草粉属粉碎性饲料，颗粒较小，比表面(表面积与体积之比)大，与外界的接触面积大。一方面，营养物质易于氧化分解而造成失；另一方面，草粉的吸湿性比其他饲料大得多，在贮运过程中容易吸湿结块，微生物及害虫易乘机侵染和繁殖，严重者导致发热变质甚至变味、变色，丧失饲用价值。因此，优质草粉贮藏必须采取适当的技术措施，尽量减少蛋白质及维生素等营养物质的损失。

1. 干燥低温贮藏

将草粉装入袋内或散装于大容器内，含水量为12%时，于15℃以下贮藏；含水量在13%以上时，贮藏温度应在10℃以下。

2. 低温密闭贮藏

草粉营养价值的重要指标是维生素和蛋白质的含量，因此贮藏草粉期间的主要任务是创造条件，保持这些生物活性物质的稳定性，减少分解破坏。在密闭低温条件下贮藏草粉，可大大减少胡萝卜素、蛋白质等营养物质的损失。将草粉密封在牢固的牛皮纸袋内，置于仓库内，使温度降低到3～9℃，180天后胡萝卜素的损失可减少1/3，粗蛋白质、维生素B_1、维生素B_2及胆碱含量变化不大。而在常温下贮藏胡萝卜素损失80%～85%，蛋白质损失10%，维生素B_1损失80%。

3. 添加抗氧化剂和防腐剂贮藏

草粉中所含的脂肪、维生素等物质均会在贮藏过程中因氧化而变质，不仅影响草粉的适口性，降低质量，甚至引起家畜拒食，食入后因影响消化而降低饲用价值。草粉中添加抗氧化剂和防腐剂可防止草粉变质，常用的抗氧化剂有乙氧喹、丁羟甲苯、丁羟甲基苯，防腐剂有丙酸钙、丙酸铜、丙酸等。

第四节 饲草料颗粒生产的利用模式与技术

饲草料颗粒是在饲料作物晒制干草、粉碎加工成草粉的基础上，进一步深加工的产品。

一、饲草料颗粒的好处

饲料作物的生长和利用受季节影响很大，冬季饲草枯黄，含营养素少，畜禽缺草吃；暖季饲草生长旺盛，营养丰富，草多畜禽吃不了。因此，为了扬长避短，充分利用暖季饲草，可将饲草刈割、晒制、粉碎、加工成颗粒保存起来，以便冬季饲喂畜禽。

(1)饲草料颗粒可以提高畜禽的饲料转化率：在冬季饲喂饲草料颗粒，可用较少的饲草料生产更多的畜产品。

(2)饲草料颗粒体积小，便于运输和贮藏：饲草料颗粒只有原料干草体积的1/4左右，密度加大，体积变小，便于贮存和运输；饲草料颗粒粉尘少，在贮存和运输中损耗少，也有益于人畜健康；饲草料颗粒取用和饲喂方便，简化了饲养流程，为实现集约化、机械化畜牧业生产创造了条件。

(3)饲草料颗粒改善了饲草品质和适口性：饲草料颗粒生产过程中可以将饲料作物中一些有特殊气味和影响饲草料利用率的原料，如草木樨、苜蓿中的皂角素等进行改善或改变，提高畜禽的适口性和营养转化率。

(4)饲草料颗粒能扩大饲料来源：一些灌木类饲料作物如构树、饲料桑等，其枝条粗硬，畜禽利用率不高，但经粉碎后加工成饲草料颗粒，就成了畜禽喜食的饲草料，也可以将农作物的副产品、秕壳、秸秆等加工成饲草料颗粒用于畜禽养殖。

二、饲草料颗粒生产技术

饲草料颗粒生产，通常是将草粉用颗粒饲料轧粒机压制成颗粒。草粉在轧粒过程中受到搅拌和挤压的作用，在正常情况下，从筛孔刚出来的颗粒温度达80℃左右，从高温冷却至室温，含水量一般要降低3%～5%，故冷却后的颗粒的含水量不超过13%。由于含水量低，适合长期贮存而不会发霉变质。

饲草料颗粒生产最关键的是调节草粉原料的含水量。通过对原料进行测定，测出草粉原料的含水量，根据原料含水量的高低确定是加水还是脱水，通常是要加水。加水时，草粉与水搅拌均匀。一般地，用豆科饲料作物生产饲草料颗粒，最佳含水量为14%～16%；用禾本科饲料作物生产饲草料颗粒，最佳含水量为13%～15%。

饲草料颗粒可以调制成不同营养含量的颗粒饲料。根据畜禽的营养要求，配制成含不同营养成分的饲草料颗粒，颗粒大小可根据养殖需要通过轧粒机孔径来调节。

根据营养需要，将草粉与精饲料组成配合饲料，搅拌均匀，制成全价饲草料颗粒，能显著提高牛、羊的生产性能和饲料利用率。育肥羊全价颗粒饲草料的参考配方：草粉50%～55%、精料（玉米、高粱、燕麦、麸皮等）40%～45%、矿物质1.5%、微量元素和维生素1%、食盐0.5%、尿素1%，用颗粒饲料压粒机压制成颗粒饲草料。压制时每百千克料加水17千克，加浓度为37%的甲醛液100毫升，以提高其营养成分和消化率。据试验，用这种全价颗粒饲草料饲喂8月龄的羔羊，育肥50天，日增重平均达到190克，每增重1千克，消耗饲料6.4千克。

三、饲草料颗粒利用技术

饲草料颗粒在畜禽养殖中利用，为提高饲草料的采食量和饲草料转化率，要科学饲喂。

大量使用饲草料颗粒饲喂畜禽前，要有6～7天的过渡期，先少量饲喂，使畜禽逐渐习惯采食饲草料颗粒。

饲喂饲草料颗粒一般每日投料两次，任畜禽自由采食。饲喂牛、羊，在傍晚饲喂时，要补以少量青干草，以提高消化率。饲草料颗粒每日饲喂量以每天畜禽饲槽中有少量剩余为准，一般活重为30～40千克的羊只日喂量为1.5千克，活重为40～50千克的羊只日喂量为1.8千克。采食饲草料颗粒比草地放牧时需要的饮水量大，缺水时畜禽拒食，所以要定时饮水，日饮水不少于两次，有条件的装自动饮水器更为理想。

饲草料颗粒在饲喂中应尽量避免浸水，因为饲草料颗粒遇水会膨胀破碎，影响饲草料的采食率和利用率。饲草料颗粒要避免雨季在开放式圈舍中饲喂，一般在舍饲或放牧草地枯草期饲喂为宜。

第五节　饲草料压块生产模式与技术

饲草料压块技术是将粉碎的饲草料冷压成草块，体积缩小到原来的15%，便于运输、长期储存和商品化，为舍饲草食畜牧业发展创造了条件。饲草料压块解决了饲草料资源生产、供应不均衡的问题，使饲草料资源的利用率提高，实现了资源有效利用和农民收入的增加，减少了环境污染，同时维护了生态环境安全。

一、饲草料压块的主要设备

饲草料压块的主要设备包括揉切机、输送机、水平定量搅拌输送器、喂入机、压块机等，也可以根据要求提供诸如出料输送机、烘干系统、冷却系统、包装系统等配套设备。揉切机由定、动刀组合而成，可通过调整定刀来控制饲草料的粉碎细度和纤维长度，采用轴向喂入，生产稳定。水平定量搅拌输送系统将揉切好的饲料和添加剂搅拌均匀，按一定需要量输送到喂入机口。喂入机利用搅轮将其强制输送到压块机的入口，压块机利用楔形机构的原理将料压入环模，压出30×30毫米、20~100毫米长的方条，密度达0.6~0.8克/厘米^{3}的高密度草块。

这类设备可加工多种饲料作物，如墨西哥玉米、苜蓿、鲁梅克斯和籽粒苋等晾晒干的草粉，一般压块加工的饲草料原料含水量不高于20%。

二、饲草料压块的生产要求

在饲料作物生产区，选择交通便利、接近动力电源的空场地作为加工场地，场地必须与住宅区隔离。场地大小根据加工能力确定，一般不少于500吨，也不要多于

2 000吨，避免因收购量大，运输距离增加而增加成本。在加工场地选择平整坚实的地点安装设备，根据设备要求建设厂房，一般100～200平方米。加工场地生产期间必须配备防火设备，专人值班。同时根据饲草压块机总装机容量配备动力电源，电线要避开饲草料堆放地。

为了减少运输成本，一个单位可以设立多个加工点。多点加工可分主场地和分场地，在主场地一般存放较多的饲草料原料，特别是干草要干透，整齐码堆，用塑料、棚布或草泥封顶防雨；分场地根据加工时间的安排需要，码堆放置，封顶或不封顶。

三、饲草料收集与收购

农忙过后，在10～11月份，收购含水量低于20%的饲草料原料。收购的原料根据干湿程度分别堆放，干透的饲草料可顺序码成高堆，以节省空间；半干的要晾、翻，晒干后再码堆备用。

四、设备安装生产

压块设备初次安装应有生产厂家工程技术人员指导，并对加工维护人员进行技术培训；压块设备搬运和安装要按照生产厂家的技术要求操作，注意安全。设备安装就绪，接通电源后先空机试车，一切正常后渐增加负荷至正常生产。

五、饲草料颗粒和压块的贮存

饲草料颗粒和压块体积小、密度大，较草粉容易包装、运输和贮藏。饲草料颗粒和压块安全贮藏的含水量一般在15%以下。在高温、高湿地区，贮藏时可加入防腐剂，常用的防腐剂有甲醛、丙酸、丙酸钙、丙酸醇、乙氧喹等。草粒、草块最好用塑料袋或其他容器密封包装，以防止在贮藏和运输过程中受潮发霉变质。

第六节 青绿饲料生产的利用模式与技术

青绿饲料是指饲料作物直接收获的新鲜茎叶，因多汁和富含叶绿素而得名，即在青绿期直接刈割作为畜禽饲料。合理利用青绿饲料，可以节省饲养成本，提高养殖效益。

一、青绿饲料的好处

青绿饲料含有丰富的蛋白质且生物学价值较高，尤其含有丰富的胡萝卜素，钾、钠等碱性元素，豆科饲料作物含钙量高，且比例适宜。青绿饲料一般粗纤维含量低，木质素少，无氮浸出物高，幼嫩多汁，适口性好，具有刺激畜禽消化腺分泌的作用，消化率高，可提高日粮利用率。但由于水分含量高、能量相对低，必须与其他饲料搭配利用，以达到最佳利用效果。

二、青绿饲料的饲料作物种类选择

用饲料作物生产青绿饲料时，要根据当地的气候条件、土壤和肥料、水分等情况，选用不同的饲料作物种类或品种，根据不同的利用方式种植不同的饲料作物，尽可能选择产量高、品质好的饲料作物种类或品种，以提高产量、降低饲草料生产成本、发挥生产效益。

用于生产青绿饲料的饲料作物种类较多，粮饲兼用型饲料作物，如玉米、高粱、燕麦、大麦等；菜饲兼用型饲料作物，如甘蓝(包菜)、胡萝卜、芜菁、甘薯、南瓜等；禾本科饲料作物，如墨西哥玉米、黑麦草、鸡脚草、苏丹草、饲用甜高粱等；豆科饲料作物，如苜蓿、红三叶、苕子等；叶菜类饲料作物，如苦荬菜、聚合草、串叶松香草等。

三、青绿饲料全年均衡生产

可以利用不同季节、不同方式种植饲料作物和不同贮存方式来实现青绿饲料全年均衡供应。

春季可播种苏丹草、墨西哥玉米、饲用玉米、甜高粱等，夏季可种植菊苣、苦荬菜等，秋季可播种苜蓿、红三叶、黑麦草、黑麦、燕麦、甘蓝、牛皮菜等。苏丹草、墨西哥玉米等可在初夏至秋季供草，菊苣、苦荬菜等用于晚秋至初冬，饲用玉米、甜高粱等制作的青贮饲料在冬春季缺少青饲料时饲喂，甘蓝、大头菜等可在冬季至早春利用，苜蓿、三叶草、黑麦草、黑麦、燕麦等为春季优质的青饲料，并可晒制干草。青绿饲料不足时，也可利用部分野青草和农副产品。

可对饲料作物进行间作、套作、轮作等种植，如玉米与苜蓿间作、青贮玉米与饲用大豆套种、饲用黑麦与青贮玉米轮种、苜蓿与饲用黑麦套种等。

四、青绿饲料的饲喂模式

青绿饲料合理利用，可以降低生产成本，提高养殖效益。

饲料作物适时刈割生产优质青绿饲料。青绿饲料的营养价值随着饲料作物的生长而变化，一般来说，饲料作物生长早期营养价值较高，但产量较低；生长后期，虽干物质产量增加，但由于纤维素含量增加，木质化程度提高，营养价值下降。饲料作物不同品种、不同利用方法和饲喂不同畜禽品种，其最佳利用时期是不一样的，禾本科饲料作物一般在孕穗期，豆科饲料作物则在初花至盛花期。青绿饲料直接鲜喂要适当提前收割。用青绿饲料喂猪和兔时，饲料作物收割应适当提前，饲喂牛、羊时可适当推后收割。

青绿饲料饲喂畜禽要保持新鲜。青绿饲料直接饲喂畜禽，一定要保证新鲜干净。因为青绿饲料含水量高，不易久存，易腐烂，只有收获后及时饲用，才能避免影响适口性和因发酵不良引起的中毒问题。

青绿饲料要与其他饲料合理搭配后饲喂。青绿饲料是畜禽的优良饲草料，但总的来说，单位重量的营养价值并不是很高。同时，不同畜禽的消化系统和消化生理存在差异，利用方法也有不同。因此，必须与其他饲料搭配利用，以达到最佳利用效果。青绿饲料饲喂猪等杂食畜禽，一般不能用作主料，只能作为一种补充料，适量使用。生长肥育猪，青绿饲料一般可替代精料的10%～15%（以干物质计算）；母猪，可替代精料的20%～25%，饲喂效果较好；仔猪宜适量饲喂，自由采食。而草食家禽（如牛、羊）由于有瘤胃和发达的盲肠，对粗纤维的利用能力较强，日粮可以青绿饲料为主，辅以适量精料，牛每头每天用量20～30千克，羊2～4月龄2～3千克、4～8月龄4～6千克、8月龄以上7～10千克。

五、青绿饲料安全饲喂

用青绿饲料饲喂畜禽时，由于饲料作物本身含有或在栽培管理和收获贮存过程中产生一些对畜禽有毒有害的物质，需要在饲喂和应用中做好控制和预防，确保饲喂安全。

（1）防止亚硝酸盐中毒：青绿饲料如牛皮菜、饲用甜菜、萝卜叶、油菜叶等均含有硝酸盐，硝酸盐本身无毒，但在细菌的作用下，硝酸盐可被还原为具有毒性的亚硝酸盐。青绿饲料堆放时间过长发霉腐败，或者在锅里加热焖煮后过夜，都会使细菌将硝酸盐还原为亚硝酸盐，引起家畜中毒。

(2)防止氢氰酸中毒：氰化物是剧毒物质，青绿饲料中一般不含氢氰酸这样的氰化物，但部分青绿饲料如高粱苗、玉米苗、蓖麻籽饼、三叶草、苏丹草、御谷草等含有氰甙配糖体。氰甙配糖体饲料经过堆放发霉或霜冻枯萎，在植物体内特殊酶的作用下，氰甙配糖体被水解而生成氢氰酸。含氰甙的饲料进入动物体后，在反刍动物瘤胃微生物的作用下，甚至无须特殊酶的作用，就可使氰甙和氰化物分解形成氢氰酸而中毒。玉米和高粱收割后的再生苗，经霜冻后危害更大。

(3)防止农药中毒：套(混)种牧草的果园和蔬菜地，要尽量使用高效低毒农药，并做好记录，注意安全间隔期。刈割野草时，要远离果园和庄稼地；刈割种植的牧草时，一定要详细了解本块地的喷药时间和所用农药。刚刚喷过农药或喷农药后不在安全期内，不能刈割青鲜饲料，等雨后或隔1个月后再刈草利用。如急需饲喂，必须先冲洗晒干，谨防引起农药中毒。

(4)防止瘤胃胀气：早春季节牛、羊等草食牲畜放牧或鲜喂大量豆科牧草时，易发生瘤胃胀气病，应注意防治。紫花苜蓿、紫云英等豆科牧草中含有大量可溶性蛋白质及皂素，能在反刍家畜瘤胃中形成大量持久性泡沫，阻碍瘤胃中的CO_2、CH_4等气体排出，从而导致胀气病。

六、青绿饲料高效饲喂技术

为提高青绿饲料饲喂效果和畜禽养殖效益，在利用青绿饲料饲喂畜禽时要掌握高效饲喂方法和技术。

因畜选草料，按需保供给。鲜嫩的青绿饲料适口性好，各类畜禽都喜欢采食，但不同畜禽对青绿饲料的需求不同。牛、羊等草食动物对纤维的消化能力强，青绿饲料的纤维含量可以高一些，奶牛还应尽量提供富含蛋白质的多汁饲料，以提高产奶量。育肥猪要提供富含碳水化合物的青绿饲料，纤维含量要低一些，成年母猪的日粮纤维含量可以高一些。鸡、鸭、鹅则要求鲜嫩的叶菜类青绿饲料，但其水含量大，不宜多喂，必须与其他饲料配合饲喂，且比例不能过高。

精准调制。大多数饲料作物生产的青绿饲料可以直接用来喂养畜禽，但畜禽对青绿饲料的种类、长短、粗细等要求不一样，因此除刈割收获外，可以进一步调制加工，喂猪、喂鹅可以打浆，牛、羊应铡短切碎饲喂。青绿饲料切碎鲜喂，能解决青绿饲料体积大与杂食动物胃容积小的矛盾。杂食动物是单胃动物，它的胃容积和每次采食量都相对较小，而青绿饲料一般体积较大，用它喂后往往易饱不耐饿，难以满足对营养的需求。因此，青绿饲料必须经过切碎或打浆，缩小体积，增加饲喂次数。加工后用于饲喂牛、羊的可切得较长，以8~10厘米为宜，饲喂兔、鹅可切至2~3厘米，而饲喂猪、鸡则要切碎或打浆。

精量饲喂。青绿饲料的适宜饲喂量，要根据畜禽种类和个体差异加以确定，草食动物青绿饲料可以作为唯一的饲料来源而并不影响其生产力(高产泌乳牛除外)，杂食动物(猪、禽)则青绿饲料不能作为唯一的饲料来源，应与精饲料、粗饲料适当搭配，才能获得较好的饲养效果。在单胃动物日粮中适量添加青绿饲料是可行的，但必须根据单胃动物本身的消化特点和生产需要搭配，否则大量饲用青绿饲料会造成日粮体积过大，水分含量过高，采食饲料中的营养物质含量不能满足畜禽的营养需要，从而影响日增重和饲料利用率。例如育肥猪日粮中适量添加籽粒苋，可使日粮氮的利用率由62.19%提高到76.13%。鸡的日粮中通常不宜大量加入青绿饲料，青绿饲料作为一种维生素补充料比较适宜。青绿饲料饲喂量因畜种不同而不同，畜禽每头或每只的适宜饲喂量一般为：奶牛30~50千克/日，山羊8~9千克/日，兔、鹅2千克/日，鸡0.1千克/日，猪5~7千克/日。

青绿饲料要常年均衡供应。畜禽养殖，在精料有保证的前提下，需不间断地提供青绿饲料，青绿饲料要常年不间断供应。青绿饲料供不应求，常常会影响畜产品的高产稳产。因此，在生产中要做到饲料作物种植与畜禽养殖相配套，种养结合，以养定种，选择适宜的饲料作物品种，确定适当的种植面积，采用合理的搭配模式，满足畜禽一年四季对青绿饲料的需求。

多样搭配与营养互补。“畜吃百样草，无料也上膘”，不同饲料作物的营养特性和饲草性能不同，单独饲喂易导致营养偏失。禾本科饲料作物富含碳水化合物，豆科饲料作物富含蛋白质，叶菜类饲料作物富含维生素、矿物质等，单喂禾本科饲料作物易导致矿物质缺乏，单喂豆科饲料作物会引发鼓胀病。因此，应将这几种饲料作物合理搭配饲喂畜禽，有条件的可以将多种青绿饲料、青贮料、干草和精饲料制作成全混合日粮。

图书在版编目（CIP）数据

"粮改饲"高产高效模式与利用技术 / 翟桂玉主编.
—济南：山东科学技术出版社，2017.9（2019.3 重印）
ISBN 978-7-5331-7984-7

Ⅰ.①粮… Ⅱ.①翟… Ⅲ.①饲料作物 - 高产栽培 Ⅳ.① S54

中国版本图书馆 CIP 数据核字 (2017) 第 172431 号

"粮改饲"高产高效模式与利用技术
LIANGGAISI GAOCHAN GAOXIAO MOSHI YU LIYONG JISHU

责任编辑：周建辉
装帧设计：孙　佳

主管单位：山东出版传媒股份有限公司
出 版 者：山东科学技术出版社
地址：济南市市中区英雄山路 189 号
邮编：250002　电话：（0531）82098088
网址：www.lkj.com.cn
电子邮件：sdkj@sdpress.com.cn
发 行 者：山东科学技术出版社
地址：济南市市中区英雄山路 189 号
邮编：250002　电话：（0531）82098071
印 刷 者：山东新华印刷厂潍坊厂
地址：潍坊市潍州路 753 号
邮编：261008　电话：（0536）2116806

规格：大 32 开（140mm × 203mm）
印张：6.5　字数：120 千　印数：11001 ~ 14000
版次：2017 年 9 月第 1 版　2019 年 3 月第 3 次印刷
定价：20.00 元